# OpenFOAMによる
# 熱移動と流れの
# 数値解析 第2版

一般社団法人
オープンCAE学会 編

森北出版

# 第2版にあたって

　本書は，2016 年に出版された初版を改訂した第 2 版である．ソフトウェアの解説本は，ソフトウェアのバージョンアップによってどうしても内容が古くなりがちであるが，本書も例外ではなく，OpenFOAM の度重なるバージョンアップにより設定方法が変わっていたり，当時より便利な機能が搭載されたりしていて，情報が古い部分が散見されるようになっていた．また，当時と異なり，現状では OpenCFD 社版と OpenFOAM Foundation 版の二つの「公式版」OpenFOAM が並び立つ状態になっており，このあたりの情報を整理する必要も感じていた．

　そこで今回，我々は OpenCFD 社版の OpenFOAM を選択し，執筆当時最新版であった v2006 向けに本書の内容を更新した．それにあわせて，OpenFOAM の利用環境である DEXCS for OpenFOAM の解説については，OpenFOAM v2006 に対応した DEXCS2020 for OpenFOAM に内容を改めている．

　本書の原稿は LaTeX によって書かれているが，今回，効率的な共同作業のために Slack および GitLab による作業管理を試みた．また，本書のケースの設定例について，動作確認をしたケースを直接引用する形にするため，LaTeX コードを大幅に書き改めた．これらの方策によって改訂作業は効率的に行われたと思っているが，いくつか出版社側には慣れない方法の使用や従来の方法からの変更をお願いせざるを得なかった部分もある．このような我々のわがままに辛抱強く付き合ってくださった 森北出版の藤原祐介氏に厚くお礼を申し上げます．

執筆者
　春日　悠：全体
　今野　雅（株式会社 OCAEL）：第 2，3 章部分，Web
　野村悦治（OCSE^2）：付録 A，D

オープンCAE学会編集担当
　今野　雅（株式会社 OCAEL）
　中山勝之（オープンCAE学会）

# まえがき

本書は，OpenFOAM[1, 2] による数値流体解析の入門書である．読者として，以下のような方々を想定している．

1. OpenFOAM を研究に活用したい学生や研究者
2. OpenFOAM の利用により，数値流体力学に対する理解を深めたいエンジニア
3. OpenFOAM を設計などの実務に活用したいエンジニア
4. 利用している商用ソフトを OpenFOAM で置き換えたいエンジニア

ただし，上記 3, 4 については，OpenFOAM を用いることが適当でない場合も考えられる．これらに該当する読者の方々は，第 1 章の情報を参考にして，OpenFOAM を用いることが適当かどうか各自ご判断いただきたい．

本書は，OpenFOAM の初心者・入門者を対象としているが，「初心者」と一口に言っても，以下のようなケースが考えられる．

- Linux の初心者
- OpenFOAM の初心者
- 数値流体力学の初心者

本書では基本的に，Linux の初心者は対象としない．一応，付録 B で Linux 環境の利用方法について簡単に述べてはいるが，これで不十分と感じる場合は他書で補ってほしい．

OpenFOAM の初心者は当然本書の対象であるが，公式ドキュメント[4]のチュートリアルガイドの内容を一度でも実行していることが望ましい．ただし，ユーザーガイドを読了している必要はない．本書と公式ガイドを併用していただければよいだろう．

数値流体力学の初心者についても本書でカバーしたいところであるが，OpenFOAM が前提としている数値流体力学の知識が高度であるため，初心者では理解が難しい部分が多々あることが予想される．基本的な部分は他書で補っていただきたい．たとえば，初級者向けにはパタンカーによる本[21]や Versteeg らによる本[18] がお勧めである．また，中級者向けにはファーツィーガーらによる本[22]や Moukalled らによる本[23] が挙げられる．Moukalled らの本は，OpenFOAM のコードについても触れられている．

本書の内容は，標準ソルバーを利用した熱流体解析の範囲に限る．クラスライブラ

リを用いたソルバーの開発などの話題は扱わない．OpenFOAM によるプログラミングについては，(対象バージョンはやや古いが) Marić らによる本[10]を参照するとよい．本書の内容は第 2 〜 4 章の実践編，第 5 章の理論編に分けられる．基本的には実践編を中心に活用いただき，理論編は必要に応じて参照していただければよいと思う．なお，参照すべき部分がある場合には節や項の最初に参照先を示しており，実践編と理論編の間で相互に参照可能としているので活用されたい．

第 2 章では，OpenFOAM の概要を述べている．実際に実行しながら，OpenFOAM について大づかみしていただくことを目的としている．

第 3 章では，解析に必要なメッシュのつくり方について述べている．メッシュをつくるには解析対象の形状の作成が必要な場合があるが，それについては，後述の付録 D で説明している．

第 4 章では，OpenFOAM で熱流体解析を行うための設定についての詳細と，ミキシングエルボーを対象とした熱流動解析例を示している．

第 5 章では，OpenFOAM をよりよく理解するための数値流体力学の知識を概説している．上述のとおり，内容が数値流体力学の初心者向けとは言えないため，数値流体力学の初心者の方は，必要に応じてゆっくり理解していっていただければよいと思う．

付録 A では，OpenFOAM の利用環境の一つとして，DEXCS2020 for OpenFOAM のインストール手順を説明している．

付録 B では，Linux 初心者向けに Linux 環境の利用方法について，ごく簡単に述べている．

付録 C では，OpenFOAM のポスト処理 (結果処理) ソフトとして標準で採用されている ParaView の利用法について簡単に紹介している．

付録 D では，メッシュをつくるために必要になる形状を FreeCAD により作成する手順を示している．

本書の内容の実行環境としては，OpenFOAM と ParaView，FreeCAD などの関連ツールが動作しさえすればどんな環境でもかまわない．OpenFOAM のバージョンは OpenCFD 社版 v2006 を想定している．

本書を用いた学習の手順としては，Linux 初心者には付録 B 「Linux 入門」や他書，Web 上の情報などで Linux について勉強していただいたとして，まず，第 2 章「OpenFOAM の概要」や公式ドキュメントのチュートリアルガイドで基本的な操作を体験した後，いったん付録 C 「ParaView 入門」に移って，ある程度 ParaView による結果の処理に慣れていただくとよいかもしれない．続いて，第 3 章および付録 D によるメッシュの作成，第 4 章，と進んでいただいたらよいだろう (次頁の図を参照)．

本書はいわゆる「ハウツー本」ではないため，実際の操作で戸惑うところがあると

考えられる．その場合，「初心者」(上述した複数の意味での) が戸惑いやすいポイントとしては，OpenFOAM の設定や操作だけでなく，Linux や ParaView の操作についてである場合も少なくない．したがって，Linux や ParaView の操作の基本をまずは押さえていただくのがよいと思う．

　最後に，本書の執筆にあたりオープン CAE 学会の元理事である株式会社荏原製作所の大渕真志氏と株式会社 IHI の石津陽平氏には多くの貢献と緻密な助言をしていただいた．ここに深く感謝する．また，本書籍出版の機会を与えてくださった森北出版のみなさま，特に，辛抱強く編集・校正作業を遂行くださった塚田真弓氏と藤原祐介氏に厚くお礼申し上げる．

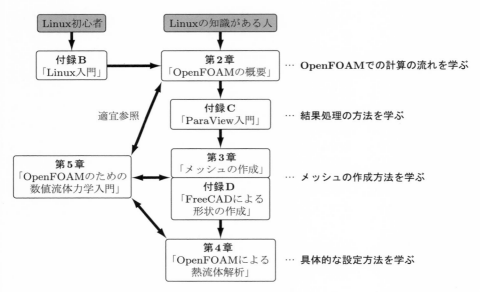

学習の手順

初版担当

執筆者
　春日　悠：全体
　今野　雅（株式会社 OCAEL）：第 2，3 章部分，編注

オープンCAE学会編集担当
　今野　雅（株式会社 OCAEL）
　高木洋平（横浜国立大学）
　中川慎二（富山県立大学）
　野村悦治（OCSE^2）
　山本卓也（東北大学）

# 目　　次

**第1章　はじめに** ──────────────────────── 1

1.1　OpenFOAM とは何か ........................................................ 1
1.2　OpenFOAM で何ができるか ................................................. 2
1.3　OpenFOAM を利用するために必要な知識 ................................. 2
1.4　オープンソースソフトウェアについて ..................................... 3
1.5　OpenFOAM の利用環境 ....................................................... 4
1.6　OpenFOAM の入手先 ......................................................... 4
1.7　まず何から始めるべきか ..................................................... 5

**実践編**

**第2章　OpenFOAM の概要** ──────────────────── 8

2.1　OpenFOAM の構成 ........................................................... 8
　　2.1.1　標準ソルバー　8
　　2.1.2　標準ユーティリティ　10
　　2.1.3　クラスライブラリ　11
　　2.1.4　ドキュメント　11
2.2　計算の手順 ................................................................... 11
　　2.2.1　流体解析の基本　11
　　2.2.2　OpenFOAM における計算手順　13
2.3　計算条件の設定 ............................................................. 14
　　2.3.1　ソルバーの選択　14
　　2.3.2　ケースの設定　15
　　2.3.3　設定ファイルの書式　16
　　2.3.4　計算の実行　21
2.4　チュートリアルケースの実行 ............................................. 21
2.5　ミキシングエルボーの熱流動解析チュートリアル ..................... 25
　　2.5.1　解析条件　25
　　2.5.2　ケースファイルのダウンロード　25
　　2.5.3　メッシュの作成　26
　　2.5.4　メッシュの確認　26
　　2.5.5　定常等温流動解析　27
　　2.5.6　非定常熱流動解析　30

**第3章　メッシュの作成 ———————————— 34**

3.1　OpenFOAM 用メッシュの作成 . . . . . . . . . . . . . . . . . . . . . . . . . 34

3.2　blockMesh によるメッシュの作成 . . . . . . . . . . . . . . . . . . . . . 38

3.3　snappyHexMesh によるメッシュの作成 . . . . . . . . . . . . . . . . . . 44

    3.3.1　snappyHexMesh のしくみ　44

    3.3.2　設定とメッシュの作成　45

    3.3.3　blockMesh　45

    3.3.4　特徴線　48

    3.3.5　snappyHexMesh の設定　49

    3.3.6　メッシュのチェック　55

    3.3.7　メッシュの初期化　55

    3.3.8　より高度な snappyHexMesh 設定　55

3.4　メッシュのチェック . . . . . . . . . . . . . . . . . . . . . . . . . . . . . . . . . . 57

3.5　スケールの変換 . . . . . . . . . . . . . . . . . . . . . . . . . . . . . . . . . . . . . 58

3.6　メッシュの番号付け . . . . . . . . . . . . . . . . . . . . . . . . . . . . . . . . . 58

**第4章　OpenFOAM による熱流体解析 ——————— 60**

4.1　新しいケースの作成 . . . . . . . . . . . . . . . . . . . . . . . . . . . . . . . . . 60

4.2　物性値の設定 . . . . . . . . . . . . . . . . . . . . . . . . . . . . . . . . . . . . . . 60

    4.2.1　非圧縮性流体ソルバーの物性値の設定　60

    4.2.2　圧縮性流体ソルバーの物性値の設定　62

4.3　重力の設定 . . . . . . . . . . . . . . . . . . . . . . . . . . . . . . . . . . . . . . . . 67

4.4　乱流モデルの設定 . . . . . . . . . . . . . . . . . . . . . . . . . . . . . . . . . . . 67

    4.4.1　乱流モデルの設定　67

    4.4.2　乱流モデルの選択　70

4.5　境界条件の設定 . . . . . . . . . . . . . . . . . . . . . . . . . . . . . . . . . . . . 70

    4.5.1　境界タイプの設定　70

    4.5.2　境界条件の設定　72

    4.5.3　流入・流出条件　76

    4.5.4　流速の条件　77

    4.5.5　乱流諸量の条件　78

    4.5.6　壁面速度の設定　80

    4.5.7　熱の境界条件の設定　80

    4.5.8　式による境界条件の設定　82

4.6　離散化スキームの設定 . . . . . . . . . . . . . . . . . . . . . . . . . . . . . . . 83

    4.6.1　離散化スキームの設定　83

    4.6.2　各種スキームの比較　88

4.7　代数方程式ソルバーの設定 . . . . . . . . . . . . . . . . . . . . . . . . . . . 90

    4.7.1　代数方程式ソルバーの設定　90

    4.7.2　PIMPLE 法の場合の設定　95

4.7.3　代数方程式ソルバーの種類の選択　96

4.8　圧力 – 速度連成手法の設定. . . . . . . . . . . . . . . . . . . . . . . . . . . . . . . . . . . . . . 96
4.8.1　SIMPLE 法　96
4.8.2　PISO 法　98
4.8.3　PIMPLE 法　99

4.9　計算の制御. . . . . . . . . . . . . . . . . . . . . . . . . . . . . . . . . . . . . . . . . . . . . . . . . . 101
4.9.1　計算の制御の設定　101
4.9.2　時間刻み幅自動調整　104

4.10　初期値の設定. . . . . . . . . . . . . . . . . . . . . . . . . . . . . . . . . . . . . . . . . . . . . . . . 105
4.10.1　potentialFoam　105
4.10.2　乱流諸量のフィールドファイルの作成　106

4.11　ソルバーの実行. . . . . . . . . . . . . . . . . . . . . . . . . . . . . . . . . . . . . . . . . . . . . . 106
4.11.1　ソルバーの実行　106
4.11.2　並列計算の実行　107
4.11.3　ソルバーの停止　108

4.12　計算の確認と計算結果の処理. . . . . . . . . . . . . . . . . . . . . . . . . . . . . . . . . . 109
4.12.1　残差の確認　109
4.12.2　流量の確認　110
4.12.3　熱量の確認　110
4.12.4　$y^+$ の確認　111
4.12.5　体積平均値の計算　111
4.12.6　計算結果の時間平均化　111
4.12.7　計算結果の確認と処理　112

4.13　ケースのクリア. . . . . . . . . . . . . . . . . . . . . . . . . . . . . . . . . . . . . . . . . . . . . . 113
4.14　ミキシングエルボーの熱流動解析の設定. . . . . . . . . . . . . . . . . . . . . . . . 113
4.14.1　メッシュ　114
4.14.2　定常等温流動解析　114
4.14.3　非定常熱流動解析　123

理論編

第 5 章　**OpenFOAM のための数値流体力学入門** ———————————— **134**
5.1　熱流体の支配方程式. . . . . . . . . . . . . . . . . . . . . . . . . . . . . . . . . . . . . . . . . . . 134
5.1.1　圧縮性と非圧縮性　134
5.1.2　連続の式　134
5.1.3　運動方程式　134
5.1.4　エネルギー方程式　135
5.1.5　状態方程式　136
5.1.6　浮力の扱い　137
5.1.7　乱流の効果　137

5.2　境界条件. . . . . . . . . . . . . . . . . . . . . . . . . . . . . . . . . . . . . . . . . . . . . . . . . . . . 138

5.2.1 基本境界条件 138

5.2.2 流入条件 138

5.2.3 流出条件 138

5.2.4 壁の条件 139

5.3 有限体積法による離散化 .................................... 140

5.4 圧力 – 速度連成 .......................................... 142

5.4.1 圧力方程式 142

5.4.2 SIMPLE 法 143

5.4.3 SIMPLEC 法 143

5.4.4 PISO 法 143

5.4.5 PIMPLE 法 143

5.4.6 圧力振動の回避 144

5.5 代数方程式の解法 ........................................ 144

5.5.1 代数方程式の解法 144

5.5.2 計算の収束 146

5.6 離散化スキーム .......................................... 146

5.6.1 差分近似 147

5.6.2 風上差分 148

5.6.3 高次精度風上差分 151

5.6.4 単調性を保つ高次精度風上差分スキーム 152

5.6.5 有限体積法における風上差分スキーム 157

5.7 乱流モデル ............................................. 158

5.7.1 層流と乱流 158

5.7.2 レイノルズ平均ナビエ – ストークス方程式 159

5.7.3 渦の散逸スケール 163

5.7.4 乱流モデル 164

5.7.5 渦粘性モデル 164

5.7.6 混合長モデル 165

5.7.7 1 方程式モデル 165

5.7.8 標準 $k$-$\varepsilon$ モデル 166

5.7.9 境界層の取扱い 168

5.7.10 その他の渦粘性モデル 170

5.7.11 レイノルズ応力輸送モデル 171

## 付 録

### 付録 A  DEXCS2020 for OpenFOAM のインストール ———————— 174

A.1 はじめに ................................................ 174

A.2 必要なもの .............................................. 174

A.3 VirtualBox のインストール ................................ 174

A.4 仮想マシンの準備 ........................................ 174

A.5　DEXCS2020 for OpenFOAM のインストール ................... 178
A.6　DEXCS のセットアップ ....................................... 184
A.7　ファイルの共有 .............................................. 185
A.8　OpenFOAM の利用 ........................................... 187

## 付録 B　Linux 入門 ──────────────────────── 188

B.1　はじめに .................................................... 188
B.2　Linux の基本 ................................................ 188
　　B.2.1　ユーザーとグループ　188
　　B.2.2　ファイルとディレクトリ　188
　　B.2.3　ファイルシステム　188
　　B.2.4　パス　189
　　B.2.5　カレントディレクトリ　189
　　B.2.6　ホームディレクトリ　189
　　B.2.7　アクセス権　189
　　B.2.8　シェル　189
　　B.2.9　プロセス　190
　　B.2.10　ジョブ　190
B.3　端末の起動 .................................................. 190
B.4　コマンドの実行 .............................................. 190
B.5　特殊な文字 .................................................. 191
B.6　キーバインド ................................................ 193
B.7　コマンドの補完 .............................................. 194
B.8　コマンド履歴 ................................................ 194
B.9　変数と環境変数 .............................................. 194
B.10　設定ファイル ............................................... 195
B.11　コマンド集 ................................................. 195
　　B.11.1　基本コマンド　196
　　B.11.2　プロセス管理　202
　　B.11.3　システム情報　204
　　B.11.4　システム管理　204
B.12　Linux の強制終了 ........................................... 205

## 付録 C　ParaView 入門 ─────────────────────── 206

C.1　はじめに .................................................... 206
C.2　データを開く ................................................ 206
C.3　ParaView の概念 ............................................. 206
C.4　モデルの表示 ................................................ 208
C.5　特徴線の表示 ................................................ 209
C.6　任意の境界だけを表示する ..................................... 209

C.7　セル値・節点値の作成 ................................................ 210
C.8　値の分布の表示 ...................................................... 210
C.9　流線の表示 .......................................................... 211
C.10　ベクトルの表示 ..................................................... 211
C.11　スライス ........................................................... 212
C.12　クリップ ........................................................... 212
C.13　等値面の表示 ....................................................... 213
C.14　値が任意の範囲にあるセルだけを表示 ................................. 213
C.15　任意の式による値の表示 ............................................. 213
C.16　任意の位置の数値の取得 ............................................. 214
C.17　グラフの表示 ....................................................... 215
C.18　値の積分 ........................................................... 215
C.19　画面を画像として保存する ........................................... 216
C.20　アニメーション ..................................................... 216
C.21　表示の設定の保存と読み込み ......................................... 216
C.22　もっと学ぶために ................................................... 216

## 付録 D　FreeCAD による形状の作成 ━━━━━━━━━ 217

D.1　はじめに ............................................................ 217
D.2　FreeCAD 入門 ........................................................ 217
　　D.2.1　FreeCAD の起動　217
　　D.2.2　新規　218
　　D.2.3　ワークベンチ　218
　　D.2.4　マウスによる画面操作　218
　　D.2.5　視点の操作　219
　　D.2.6　オブジェクトの作成・削除　219
　　D.2.7　オブジェクトのプロパティの編集　220
　　D.2.8　Draft ワークベンチ：オブジェクトの移動　220
　　D.2.9　Part ワークベンチ：面の掃引によるソリッドの作成　221
　　D.2.10　Part ワークベンチ：ブーリアン演算　221
　　D.2.11　Draft ワークベンチ：アップグレード・ダウングレード　221
　　D.2.12　オブジェクトの表示・非表示　221
D.3　モデルの作成 ........................................................ 222
D.4　境界の設定 .......................................................... 225

## 参考文献 ━━━━━━━━━━━━━━━━━━━━━━━━ 228
## 索　引 ━━━━━━━━━━━━━━━━━━━━━━━━━ 230

# 第1章

# はじめに

## 1.1 OpenFOAM とは何か

OpenFOAM[1,2] (Open source Field Operation And Manipulation の略) とは，GNU General Public License (GPL) のもとで公開されているオープンソースの数値流体力学 (computational fluid dynamics: CFD) ツールボックスである．オブジェクト指向プログラミング言語 C++ で開発された偏微分方程式ソルバー開発用のクラスライブラリであり，C++ のシンタックスをフルに活用して，高い記述性と拡張性を実現している．たとえば，スカラー輸送方程式を解くコードは次のように記述できる．

```
solve
(
    fvm::ddt(T)
  + fvm::div(phi, T)
  - fvm::laplacian(DT, T)
);
```

このように，数値流体力学の知識があれば意味が想像できるような表現で場 (field) の方程式のソルバーを記述できるのが特徴である．

また，OpenFOAM は上述のクラスライブラリを利用して書かれた標準ソルバーやツールを多数備えている．標準ソルバーの中には，問題によってはすぐに実用可能なレベルのものも含まれる．

OpenFOAM は流体解析ソルバーとして注目を集めているが，OpenFOAM 自体は流体解析ソルバーではなく，有限体積法を中心とする偏微分方程式ソルバー開発用のクラスライブラリと，それによってつくられたいくつかのソルバーおよびツール群である．自分の問題に利用するときは，一般の商用ソルバーのように必要な機能を有効にするスイッチを押すのではなく，必要な機能をもつソルバーを標準ソルバーの中から選択して利用する．適当な機能を備えたソルバーを標準ソルバーの中に見つけられない場合は，自分でソルバーを開発する必要がある．ある意味何でもできるが，それなりの知識と時間，場合によってはお金が必要になる．

もともと英国 Imperial College で開発されたものを Nabla 社が "FOAM" という名で販売していたものが，2004 年に OpenCFD 社から "OpenFOAM" としてオープンソースで公開された．2011 年 8 月，OpenCFD 社は Silicon Graphics 社 (SGI) に買収されたが，OpenFOAM は非営利団体 OpenFOAM Foundation から引き続きオープンソースとして公開されることになった．2012 年 9 月，OpenCFD 社はさらに ESI Group に買収された．"OpenFOAM" は OpenCFD 社の商標登録である．2021 年 1 月現在，OpenFOAM の名でリリースされているものとして OpenCFD 社版[1] と Foundation 版[2] の二つが存在する．

## 1.2　OpenFOAM で何ができるか

標準ソルバーの範囲では，以下のようなことができる．

- 非圧縮性流体の定常/非定常乱流解析
- 圧縮性流体の定常/非定常熱対流解析
- 流体・固体伝熱 (CHT) 解析
- 混相流解析 (界面追跡法/多流体モデル)

その他，あまり一般的でない燃焼モデルを使った燃焼解析ソルバーや，遷音速・超音速を含む圧縮性流体ソルバーなどもある．粒子計算も一応可能だが，いまのところ一部の特殊なソルバーが対応しているのみである．また，商用ソルバーと比べると，標準ソルバーは一般に計算の収束性が悪く，メッシュ品質に対するロバスト性も弱いため，計算を成功させること自体が難しい場合が少なくない．

## 1.3　OpenFOAM を利用するために必要な知識

OpenFOAM を利用するには，次のような知識が必要である．

- Linux の利用に関する知識
- 数値流体力学に関する知識
- プログラミング言語 C++ によるプログラミングの知識

OpenFOAM は基本的に，オープンソースの OS である Linux 上で動作する．そのため，Linux の利用についてある程度慣れている必要がある．また，かなり専門的な数値流体力学の知識が前提とされている．プログラミング言語 C++ については，標準ソルバーをカスタマイズしたり，自分専用のソルバーを開発する場合には必要となる．

## 1.4 オープンソースソフトウェアについて

　流体解析ソフトとしての OpenFOAM に関心のある方は，おそらく「無料で使える」という部分に注目されていることと思う．実際，OpenFOAM はオープンソースソフトウェアであり，無料で利用することができる．ここで，オープンソースソフトウェアにあまり馴染みのない読者のために，オープンソースソフトウェアについて簡単に述べる．

　オープンソースソフトウェアとは，ソースコードが公開されていて，ソースコードの再配布が可能なソフトウェアのことである．この性質により，たとえソフトウェアを有料にしたとしても，購入者にソースコードを再配布されてしまい，単独の商売としては成り立たない可能性が高い．そのため，結果的に無料で提供されていることが多いが，「無料」自体はオープンソースソフトウェアの性質ではない．

　オープンソースソフトウェアの利用にあたっては，以下のような制限がある．

- 無保証である
- ソースコードを改変してつくったソフトウェアを提供する場合は，提供先に対してソースコードを公開しなければならない (GPL の制限)

　2 番目の制限は，OpenFOAM を含む Linux をはじめとした多くのオープンソースソフトウェアで採用されているライセンスである GNU General Public License (GPL) の制限である．

　つまり，自分で利用するだけであれば制限はない．ただし，無料で無保証であるため，自助努力が求められる．また，利用のための情報が十分に整理されていないことが多く (OpenFOAM も例外ではない)，Web 上の断片的な情報やソースコードから必要な情報を自分で入手する必要がある．自分自身の手で問題を解決しないと気がすまないという気概をもつような人でないと，OpenFOAM を含むオープンソースソフトウェアの利用は難しい．

　利用における自助努力についてのコスト (時間なども含む) が，無料であるという金銭的なメリットを上回ってしまう場合も考えられる．結果的に「高価な」商用ソフトウェアのほうが現実的な選択肢となる場合もあるため，OpenFOAM の利用については十分な事前検討が必要である．

## 1.5　OpenFOAM の利用環境

OpenFOAM を利用するには，Linux 環境を用意する必要がある．Linux や Open-
FOAM のセットアップのハードルが高いと感じる方は，OpenFOAM がセットアッ
プされている Linux 環境を利用するとよい．その一つに，野村悦治氏 (OCSE^2) に
より開発されている DEXCS for OpenFOAM[5] がある．これは OpenFOAM だけ
でなく，その利用のために便利なツールが各種インストールされている．付録 A で
DEXCS2020 for OpenFOAM のインストール方法を説明しているので，参考にして
ほしい．

Linux の利用に慣れてはいないがセットアップに挑戦してみたい方，あるいは Linux
専用のマシンを用意できない方などは，VirtualBox[6] などの仮想マシンを利用する
のがお勧めである．セットアップの手順は，付録 A で説明されている DEXCS のイ
ンストールとだいたい同じである．

"Linux" とは本来，OS の核 (カーネル) の名前である．核だけあっても使いものに
ならないので，それに有用なパッケージを付けて頒布されている．その形態を "ディ
ストリビューション"(distribution) という．Red Hat, openSUSE, Ubuntu などの
さまざまな Linux ディストリビューションがあるが，基本的には何でもかまわない．
ただし，OpenFOAM との相性の良し悪しはある．最近は Ubuntu のユーザーが多
く，Web 上の情報も充実している．また，Ubuntu 用の OpenFOAM のパッケージ
も用意されているので，Ubuntu を選択するのが無難であろう．

## 1.6　OpenFOAM の入手先

OpenFOAM の最新版は OpenCFD 社のサイト[1] および OpenFOAM Founda-
tion のサイト[2] から入手できる．バイナリパッケージについては，OpenCFD 社版
は Ubuntu 版，openSUSE 版，CentOS/RedHat 版が，Foundation 版は Ubuntu
版が用意されている．

古いバージョンが必要な場合は，SourceForge のプロジェクト[3] から入手できる．

OpenCFD 社版と Foundation 版のどちらを選ぶべきかについては，使いたい機能
次第である．特にこだわらないのであればどちらでもよい．本書では OpenCFD 社
版 v2006 を前提として説明を行う．

## 1.7 まず何から始めるべきか

とりあえずは Windows や Mac 上の仮想マシンに DEXCS for OpenFOAM などの OpenFOAM インストール済みの環境をセットアップするのが手軽だろう.

OpenFOAM の環境を用意できたら,ユーザーガイドおよびチュートリアルガイドに従ってチュートリアルを実行してみるところから始めるとよい.ユーザーガイドおよびチュートリアルガイドは Web で参照できる[4].

# 実践編

# 第2章

# OpenFOAM の概要

本章では，OpenFOAM の概要について述べる．読者はすでに OpenFOAM を利用できる環境を用意できているものと想定する (OpenFOAM の利用環境の用意については，第 1 章や付録 A を参照)．ここでは，OpenFOAM の利用についてのイメージをもってもらうことを目的としている．

## 2.1 OpenFOAM の構成

OpenFOAM は表 2.1 のような構成になっており，偏微分方程式ソルバー開発用のC++ クラスライブラリが構成の大部分を占める．それ以外には，クラスライブラリによってつくられた標準ソルバー (主に流体解析を行うためのプログラム) と標準ユーティリティ (ソルバーの利用を補助するツール) がある．また，すべてに対応しているわけではないが，標準ソルバー用のチュートリアルケースも用意されている．ここで「ケース」(case) とは，シミュレーションでは計算条件 (計算対象の寸法や境界条件など) を意味するが，OpenFOAM などの流体解析ソフトでは，計算条件を含んだファイルあるいはディレクトリのことを意味する．OpenFOAM のケースは，後述するようにディレクトリにより構成される．

**表 2.1** OpenFOAM の構成

| |
| --- |
| ソルバー開発用の C++クラスライブラリ |
| 標準ソルバー |
| 標準ユーティリティ |
| 標準ソルバー用のチュートリアルケース |

### 2.1.1 標準ソルバー

OpenFOAM には，解析対象ごとにつくられた標準ソルバーが用意されている．表2.2 に代表的なものを示す．標準ソルバーのもう少し詳しいリストはユーザーガイドから得られる．

表 2.2　代表的な標準ソルバー

### basic 基本

| | |
|---|---|
| laplacianFoam | 拡散方程式ソルバー |
| potentialFoam | ポテンシャル流れソルバー |
| scalarTransportFoam | スカラー輸送方程式ソルバー |

### incompressible 非圧縮性流体

| | |
|---|---|
| icoFoam | 非定常層流解析ソルバー |
| simpleFoam | 定常乱流解析ソルバー (SIMPLE 法) |
| pisoFoam | 非定常乱流解析ソルバー (PISO 法) |
| pimpleFoam | 非定常乱流解析ソルバー |
| | (PIMPLE 法 = PISO 法 + SIMPLE 法) |

### heatTransfer 熱流動

| | |
|---|---|
| buoyantBoussinesqSimpleFoam | 定常熱流動解析ソルバー (Boussinesq 近似) |
| buoyantBoussinesqPimpleFoam | 非定常熱流動解析ソルバー (Boussinesq 近似) |
| buoyantSimpleFoam | 定常熱流動解析ソルバー |
| buoyantPimpleFoam | 非定常熱流動解析ソルバー |

### multiphase 混相流

| | |
|---|---|
| interFoam | VOF 法 による 2 相流解析ソルバー |
| multiphaseInterFoam | VOF 法 による多相流解析ソルバー |

標準ソルバーには，それに対応したチュートリアルケースがおおむね用意されている．解析対象に合わせてソルバーを選択したら，それに対応したチュートリアルケースをもとに，自分の問題に対する設定を行うことになる．

チュートリアルケースは環境変数 $FOAM_TUTORIALS が示すパスにあり，端末にコマンドとして "**tut**" と打ち込むと，チュートリアルケースのパスに移動できる．

```
$ tut
$ ls
Allclean    IO              financial      modules
Allcollect  basic           finiteArea     multiphase
Allrun      combustion      heatTransfer   preProcessing
Alltest     compressible    incompressible resources
AutoTest    discreteMethods lagrangian     stressAnalysis
DNS         electromagnetics mesh          verificationAndValidation
```

ここで，1 文字目の $ はコマンドラインの入力促進文字 (プロンプト) であり，これが先頭にある行はコマンド入力であることを意味する (実際のプロンプトは，環境により異なる)．

ソルバーはいくつかのカテゴリに分けられている．非圧縮性流体であれば

incompressible，圧縮性流体であれば compressible，燃焼であれば combustion
などのディレクトリに，それぞれ対応するソルバーのチュートリアルケースが含まれ
ている．

　もし解析対象に合ったソルバーを見つけられない場合は，それに近いソルバーを見つ
けてソースコードを修正することになる．ソルバーのソースコードは \$FOAM_SOLVERS
にあり，"sol" と打ち込むことでそのパスに移動できる．

```
$ sol
$ ls
DNS            discreteMethods    finiteArea         multiphase
basic          doc                heatTransfer       stressAnalysis
combustion     electromagnetics   incompressible
compressible   financial          lagrangian
```

上記のように，チュートリアルケースと同じようなディレクトリ構成になっているこ
とがわかる．

　ソルバーのソースコードの修正などについては本書の範囲を超えるので，本書では
扱わない．

### 2.1.2　標準ユーティリティ

　OpenFOAM には，標準ユーティリティとしていくつもの便利なプログラムが用意
されている．たとえば，メッシュを作成するための blockMesh や snappyHexMesh，
メッシュのチェックを行う checkMesh，ANSYS FLUENT 用のメッシュを取り込む
fluentMeshToFoam などがある．本書では，必要に応じてそのつどユーティリティを
紹介する．標準ユーティリティのリストはユーザーガイドから得られる．

　標準ユーティリティのソースコードは \$FOAM_UTILITIES にあり，"util" と打ち
込むことでそのパスに移動できる．

```
$ util
$ ls
doc          miscellaneous       preProcessing
finiteArea   parallelProcessing  surface
mesh         postProcessing      thermophysical
```

標準ソルバー同様，カテゴリ分けされているのがわかる．標準ユーティリティにはディ
クショナリとよばれる設定ファイルが必要なことがあり，その雛形がこの中に含まれ
ていることがある．

### 2.1.3　クラスライブラリ

ソルバーのソースコードを解読する際，クラスライブラリのコードを参照することがある．クラスライブラリのソースコードは `$FOAM_SRC` にあり，"src" と打ち込むことでそのパスに移動できる．

```
$ src
$ ls
Allwmake            fileFormats            phaseSystemModels
Allwmake-scan       finiteArea             randomProcesses
ODE                 finiteVolume           regionModels
OSspecific          functionObjects        renumber
OpenFOAM            fvAgglomerationMethods  rigidBodyDynamics
Pstream             fvMotionSolver         rigidBodyMeshMotion
TurbulenceModels    fvOptions              sampling
atmosphericModels   genericPatchFields     semiPermeableBaffle
combustionModels    lagrangian             sixDoFRigidBodyMotion
conversion          lumpedPointMotion      sixDoFRigidBodyState
dummyThirdParty     mesh                   surfMesh
dynamicFaMesh       meshTools              thermophysicalModels
dynamicFvMesh       optimisation           topoChangerFvMesh
dynamicMesh         overset                transportModels
engine              parallel               waveModels
```

このように，さまざまなライブラリが存在することがわかる．この中でコアとなるものは，`OpenFOAM` や `finiteVolume` である．

クラスライブラリの中身については本書の範囲を超えるので，紹介するにとどめる．

### 2.1.4　ドキュメント

ドキュメントは，Web 上に公式ドキュメント[4] がある．一般的な説明が書かれたユーザーガイド (User Guide)，チュートリアルを学べるチュートリアルガイド (Tutorial Guide) の他に，より深い内容が書かれた Extended Code Guide などがある．公式ドキュメントや Web 上の情報から必要なものを見つけられない場合は，ソースコードを直接参照する．境界条件の設定方法などは，ソースコード (特に ".H" ファイル) にコメントである程度書いてある．それでもわからない場合は，ソースコードを直接読み解くことになる．

## 2.2　計算の手順

### 2.2.1　流体解析の基本

そもそも熱流体解析に馴染みのない読者のために，まず一般的な流体解析の手順を

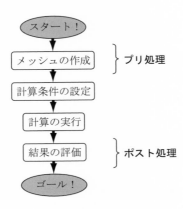

図 2.1　計算の手順

簡単に示しておく．流体解析は，コンピュータを使って気体や液体の流れや熱移動を
シミュレートするものであるが，これは図 2.1 のような手順で行われる．

　流体解析に取りかかる前に，まずは計算条件の整理をする．紙の上でもスプレッド
シート上でも何でもよいので，そもそも何を解析したいのかを整理する．

　計算条件が整理できたら，メッシュを作成する．流体解析では，流体の方程式をコン
ピュータで解く．流体の方程式は連続的なものだが，コンピュータはバラバラなもの
しか扱えないため，解析領域をバラバラの部分に分ける必要があり，これをメッシュ
(mesh) とか格子 (grid) とよぶ．流体解析ソフトは OpenFOAM を含めて有限体積法
をベースにしているものが多いが，有限体積法では分割した領域それぞれのことをセ
ル (cell) とよぶ．メッシュを作成する部分の処理のことを前処理，プリ処理，プリプ
ロセス (preprocess) などとよび，これを行うソフトをプリプロセッサ (preprocessor)
とよぶ．メッシュを作成するためのソフトのことを特にメッシャー (mesher) という．
OpenFOAM では，標準ユーティリティの blockMesh や snappyHexMesh などがこ
れにあたる．また，メッシュの作成のために計算対象の形状を作成する必要がある場
合もある．この形状のことをジオメトリ (geometry) とかモデル (model) などとい
い，モデルをつくるソフトのことをモデラー (modeler) といったりするが，この部分
には専用ソフトではなく 3D–CAD ソフトが利用されることも多い．

　メッシュができたら，計算条件を設定する．これは設定用ソフトで行われることも
あるし，テキストエディタで行われることもある．OpenFOAM は設定ファイルがテ
キストベースなので，テキストエディタで条件を設定する．

　計算条件を設定したら，計算を実行する．この部分が流体解析ソフトの主要な役割
である．OpenFOAM については，この部分はソルバー (solver) の仕事である．ちな

みに，解析ソフトを実行することを解析 (analysis) といったり，計算 (calculate) や
シミュレーション (simulation) といったりすることがあるが，おおむね同じことを意
味する (厳密には問題を分析することが「解析」であり，計算すること自体は「解析」
ではない).

　計算が終わったら，計算結果を処理する．流体解析ソフトの計算結果は基本的に数
値であり，そのままでは人間には解釈しにくいため，それらを形や色できれいに表現
する可視化 (visualization) を行う必要がある．この部分の処理のことを後処理，ポス
ト処理，ポストプロセス (postprocess) などとよび，これを行うソフトをポストプロ
セッサ (postprocessor) とよぶ．OpenFOAM では，標準のポストプロセッサとして
オープンソースソフトウェアである ParaView[33] を採用している.

### 2.2.2　OpenFOAM における計算手順

　計算条件が整理できたら，ふつうはまずメッシュの作成から取りかかる．メッシュ
は，商用メッシャー (商用ソルバー付属のものや，各商用ソルバーに対応したメッ
シュ作成専用ソフトなど) があれば，それでつくったメッシュを OpenFOAM 用に
変換するのが手っ取り早い．商用メッシャーがなければ，OpenFOAM 付属のもの
(blockMesh, snappyHexMesh など) を利用するか，オープンソースのメッシュ作成
ソフト (SALOME など) を利用する (図 2.2，詳しくは第 3 章を参照).

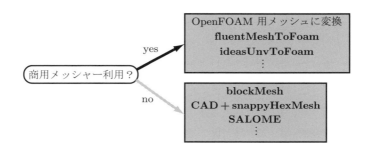

**図 2.2**　メッシュの作成

　計算条件の設定については，次節で説明する.
　結果の評価には，OpenFOAM 付属の paraFoam (ParaView) を用いる (ParaView
の使い方については付録 C を参照)．商用のポスト処理ソフトを使ってもよい.

## 2.3　計算条件の設定

OpenFOAM における計算条件の設定の手順を図 2.3 に示す.

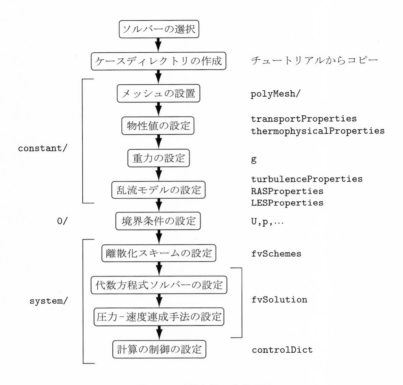

図 **2.3**　計算条件の設定手順

### 2.3.1　ソルバーの選択

OpenFOAM は流体解析ソルバーではなく, 流体解析ソルバー開発用ツールである
が, 標準ソルバーも備えている. 一般的な流体解析ソルバーと異なり, 一つのソルバー
において解きたい問題に合わせてオプションを選択するのではなく, 問題ごとにソル
バーが分かれているため, まずは解きたい問題に合ったソルバーを選択する必要があ
る. もし適当なものがなければ, ソルバーを開発する必要がある.

　主なソルバーは表 2.2 に示したとおりである. よく利用されるソルバーの選択手
順を図 2.4 に示す.

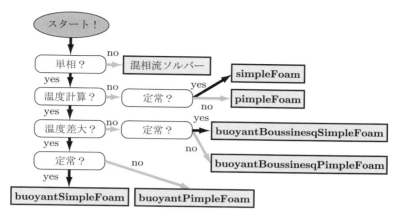

図 **2.4**　ソルバーの選択手順

## 2.3.2　ケースの設定

　計算条件の設定を含むデータ (ケース) は一つのファイルではなく，一つのディレクトリになっており，その中にいくつかのファイルが含まれる形になっている (図 2.5)．これらのファイルをエディタで編集して設定を行う．必要なファイルをすべて自分で用意するのは大変なので，ふつうは標準ソルバーに対応したチュートリアルケースを `$FOAM_TUTORIALS` からコピーするなり参考にするなりして，ケースを作成する．

　ケースディレクトリには，以下のようなファイル，ディレクトリが含まれる．

図 **2.5**　ケースディレクトリの内容

**constant**

メッシュや物性値，乱流モデルなどの設定が含まれるディレクトリ．以下のような
ファイル，ディレクトリを含む．

- **polyMesh**
  メッシュ情報を含むディレクトリ．
- **transportProperties, thermophysicalProperties**
  物性値の設定ファイル．ソルバーによって必要なファイルが異なる．
- **g**
  重力加速度の設定ファイル．浮力などの考慮に必要．
- **turbulenceProperties**
  乱流モデルの設定ファイル．

**0**

フィールド (場) の変数の設定ファイル (たとえば，速度 $U$, 圧力 $p$, 温度 $T$ など)
が含まれるディレクトリ．フィールドファイルにおいて境界条件や初期値の設定を行
う．0 は初期時刻の意味で，計算中，同様の形式の計算結果ファイルを含むディレク
トリが各出力時刻の名前で作成される．

**system**

計算の制御の設定ファイルなどが含まれるディレクトリ．以下のようなファイルを
含む．

- **fvSchemes**
  離散化スキームの設定ファイル．
- **fvSolution**
  代数方程式ソルバーの設定と，SIMPLE 法などの設定を含むファイル．
- **controlDict**
  計算の制御の設定ファイル．計算の終了時刻や時間刻み幅，結果の出力タイミン
  グなどを設定できる．

図 2.3 において，各種設定に対応するケースディレクトリ内のファイル，ディレク
トリをそれぞれ示している．計算条件の設定の詳細については，第 4 章を参照のこと．

### 2.3.3　設定ファイルの書式
ケースディレクトリの各設定ファイル (ディクショナリとよばれることがある) は，
以下のような書式で書かれる．

## コメント

　C++ と同じ形式のコメント記号を使うことができる．すなわち，"/*" と "*/" の間および "//" から行末まではコメントとみなされ，無視される．

```
/* コメント 1 */

/*
  コメント 2
*/

// コメント 3
```

## ヘッダー

　設定ファイルは，次のようなヘッダーをもつ．

```
FoamFile
{
    version    2.0;
    format     ascii;
    class      dictionary;
    location   "constant";
    object     transportProperties;
}
```

ヘッダーは，基本的には「おまじない」と思ってよい．

## 辞書

　OpenFOAM のデータには，辞書 (dictionary) という形式が用いられている．辞書は次のように記述する．

```
< 辞書名 >
{
    ... キーワードエントリ ...
}
```

キーワードエントリ (keyword entries) は，キーワード (keyword) とデータエントリ (data entry) からなる．

```
< キーワード > < データエントリ 1 > < データエントリ 2 > ... < データエントリ N >;
```

最後に必ずセミコロンを付ける．データエントリはキーワードに付随する入力項目で，文字列や数値のほかに，リスト，ベクトルやテンソルなどを指定できる．
　たとえば，辞書は次のように書かれる．

```
boundaryField  ─[辞書]
```

```
{
    inlet   ← 辞書
    {
                        ← キーワード                            項目1
        type                fixedValue;
        value               uniform (10 0 0);
    }

    outlet
    {
        type                zeroGradient;
    }

    wall
    {
        type                fixedValue;
        value               uniform (0 0 0);
    }
}
```

辞書は入れ子にすることができる．キーワードは，同じものを複数設定することができるが，その場合は最後の設定が有効になる．

　辞書名やキーワードには，二重引用符で "..." のように囲むことで正規表現を用いることができる．任意のキーワードに当てはまるようにする場合は，".*" と表す．名前の最後に Final と付くものだけに当てはまるようにする場合は，".*Final" と表せばよい．k または epsilon に当てはまるようにするには "(k|epsilon)" と表す．kFinal または epsilonFinal に当てはまるようにするには"(k|epsilon)Final" とする．以下に使用例を示す．

```
relaxationFactors
{
    fields
    {
        p               0.3;
    }
    equations
    {
        U               0.7;
        "(k|epsilon|omega|R)" 0.7;
    }
}
```

上の例では，変数に対して緩和係数を設定しているが，乱流モデルに関する変数である k, epsilon, omega, R については，正規表現により同じ緩和係数が設定されるようにしている．

同様な正規表現が複数ある場合は，最後のものが優先される．また，正確なキーワードの指定と正規表現が同時にある場合は，順番にかかわらず正確なキーワードのほうが優先される．

## リスト

括弧で囲んで複数のデータをまとめたものをリストという．リストは，次のような形式で指定する．

```
< リスト名 >
< リスト数 >
(
    ... 項目 ...
);
```

リスト名やリスト数は省略される場合がある．また，次のように項目のクラスを指定する形式もある．

```
< リスト名 >
List< クラス名 >
< リスト数 >
(
    ... 項目 ...
);
```

## ベクトルとテンソル

ベクトルは，たとえば X 方向に $1\,\mathrm{m/s}$，Y 方向と Z 方向に $0\,\mathrm{m/s}$ の速度を表す場合は，次のように表現する．

```
(1 0 0)
```

(2 階の) テンソルの場合は，9 成分を並べて書く．単位テンソルを行列風に書くのであれば，次のように表現できる．

```
(
    1 0 0
    0 1 0
    0 0 1
)
```

対称テンソルの場合は，6 成分を指定する．単位テンソルを行列風に書くと，次のようになる．

```
(
    1 0 0
```

```
    1 0
      1
)
```

### 単位付きデータ

　キーワードによるデータの指定の形式の一つとして，単位付きデータがある．たとえば次のように指定する．

```
nu              [ 0 2 -1 0 0 0 0 ] 1e-05;
```

最初の "nu" はキーワード，次の項目は単位 (dimension)，最後は値である．データの名前や単位は省略可能である．

　単位は，次のような形式で各単位の指数を指定する．

```
[kg m s K mol A Cd]
```

たとえば，m/s であれば "[ 0 1 -1 0 0 0 0 ]" とする．

### ファイルの取り込み

　#include でファイルを取り込むことができる．

```
#include " ファイル名 "
```

このようにすることで，他のファイルの辞書やキーワードを参照できるようになる．また，$FOAM_ETC 以下のファイルを取り込むために #includeEtc も使える。

```
#includeEtc "caseDicts/setConstraintTypes"
```

　これらの他に，"#" で始まるコマンドがいくつか定義されており，これらはディレクティブ (directive) とよばれる．

### 値の参照

　"$名前" で辞書やキーワードの値を参照することができる．

```
solvers
{
    p
    {
        solver          PCG;
        preconditioner  DIC;
        tolerance       1e-06;
        relTol          0.01;
    }
```

辞書 p

```
    pFinal
    {
        $p;
        tolerance        1e-06;          辞書 pFinal
        relTol           0;
    }

// ... 省略 ...
}
```

上記の例では，"$p"により辞書 p の項目を辞書 pFinal の中に取り込んでいる．

　辞書名やキーワードには，基本的にはソルバーやユーティリティが必要とするものを指定するが，任意の名前を使うこともできるし，それを参照させることもできる．

　この機能はマクロ置換 (macro substitution) とよばれる．

### 式

　値の指定の際，OpenCFD 社版では，#eval を用いて式を指定することができる．

```
value            uniform (#eval "pow(200.,2)/(pow(50.,2)*pi())*10." 0 0);
```

　式を囲むものは，二重引用符 ("...") の代わりに波括弧 ({...}) でもよい．上の例で，pow() は累乗の関数，pi() は円周率である．これらの他に sin() などの関数も使える．詳細については公式ドキュメント[4] の Extended Code Guide の "Expressions syntax" を参照．

　#eval と似たもので，Foundation 版でも使える #calc というものもあるが，こちらはコードのコンパイルが伴うため，実行に少し時間がかかる．

### 2.3.4 計算の実行

　計算を実行するには，ケースディレクトリ内でソルバーを実行すればよい．たとえば，simpleFoam をソルバーとして用いる場合は，端末でケースディレクトリに移動し，以下のようにコマンドを打ち込む．詳細については 4.11 節 を参照のこと．

```
$ simpleFoam
```

## 2.4 チュートリアルケースの実行

　とりあえず計算を実行してみよう．ここでは，非圧縮性定常乱流解析ソルバー simpleFoam のチュートリアルケースである pitzDaily を実行してみる．pitzDaily チュートリアルは図 2.6 に示した流れ場であり，Pitz と Daily による実測[7] がある．この流

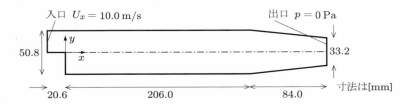

**図 2.6** pitzDaily チュートリアル

れ場には流路中に段差があり，再循環領域の渦を伴う複雑な流れであることから，乱
流モデルのベンチマークとして多用される．

　OpenFOAM のソルバーの実行は端末で行う (Linux のコマンド操作に慣れていな
い人は，付録 B を参考にしてほしい)．

```
$ mkdir -p $FOAM_RUN
$ run
$ cp -r $FOAM_TUTORIALS/incompressible/simpleFoam/pitzDaily .
$ cd pitzDaily
$ blockMesh
$ simpleFoam
```

$FOAM_TUTORIALS はチュートリアルケースが置かれたパスを示す環境変数である．
ここでは，現在のディレクトリを作業ディレクトリとして想定して，まずチュートリ
アルケースディレクトリ pitzDaily を作業ディレクトリにコピーし (3 行目)，そ
のディレクトリに移動 (4 行目)，OpenFOAM の標準ユーティリティの一つである
blockMesh でメッシュを作成 (5 行目)，続いて OpenFOAM の標準ソルバーの一つ
である simpleFoam を実行している (6 行目)．無事計算が実行され，メッセージが止
まったら，解析結果の可視化のために ParaView を起動する．

```
$ paraFoam
```

paraFoam は，ParaView で OpenFOAM の結果を読み込むための OpenFOAM 付
属のスクリプトで，OpenFOAM 用のプラグインを用いて ParaView を起動する (図
2.7)．

　もし paraFoam の実行で ParaView が起動しない (プラグインが使えない)，あるい
は OpenFOAM と ParaView の実行環境がそもそも異なる場合などは，ParaView に
組み込まれている OpenFOAM リーダーを用いるとよい．ParaView は，".foam" と
いう拡張子の空のファイルを開けば，そのファイルがあるディレクトリを OpenFOAM
ケースディレクトリとして認識する．Linux であれば，ケースディレクトリ内で次の
ように touch コマンドを実行すると，空のファイルが作成される．

```
$ touch case.foam
```

ファイル名は任意である．ParaView を直接起動して .foam ファイルを開けば，Open-
FOAM の結果を読み込むことができる．また，paraFoam と ParaView 自体が使え
る環境であれば，OpenFOAM プラグインが使えるかどうかに関係なく，paraFoam
の "-builtin" オプションで ParaView の組み込みリーダーを用いて結果を開くこと
ができる．

```
$ paraFoam -builtin
```

この場合，.foam ファイルの作成は必要ない．
　ParaView が起動したら，"Apply" ボタンを押す (図 2.7，2.8)．
　モデルが表示されるので，"Solid Color" と書かれたドロップダウンリスト (図 2.9)

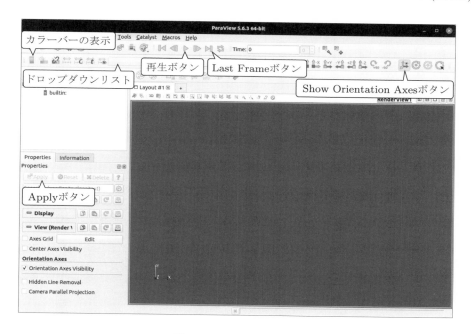

図 2.7　ParaView の画面

図 2.8　"Apply" ボタン

図 2.9　表示する色を選択するド
ロップダウンリスト

から "∘ U" (速度) を選ぶ．"U" は六面体のアイコンと丸のアイコンの二つあるが，六面体がセルの値で，丸が点の値である．ここでは，丸のほうを選ぶ．

　モデルに色がつくので，表示する「時刻」(今回は定常解析なので，正確には計算ステップ) を選択する．"Play" (再生) ボタンを押すか，"Last Frame" (最終時刻) ボタンを押す (図 2.7，2.10)．再生ボタンを押すと，アニメーションが表示される．ここでは定常解析なので，計算の途中結果をアニメーションで表示していることになる．"Last Frame" ボタンを押すと，最後の結果に移動する．

　ここで表示されている色は，速度分布を表している．アニメーションを見て想像がつくように，左から入って右から出るような流れになっている．カラーバー ("Color Legend") 表示ボタン (図 2.7，2.11) を押して，カラーバーを表示する．カラーバーの上のほうの色の部分で流れが速く，下のほうの色の部分で流れが遅い．

　これで計算結果の速度分布を表示できた (図 2.12)．ParaView のより詳しい使い方については，付録 C を参照のこと．

図 **2.10**　アニメーション表示用ボタン　　　図 **2.11**　カラーバー
表示ボタン

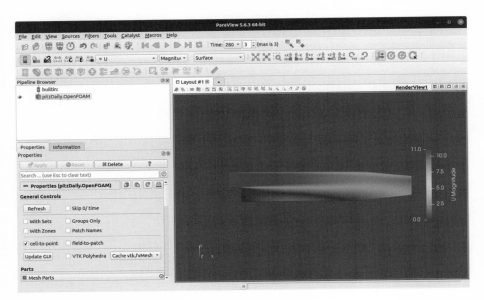

図 **2.12**　pitzDaily チュートリアルの速度分布

## 2.5 ミキシングエルボーの熱流動解析チュートリアル

ここではミキシングエルボー内の熱流動解析の実行手順を示す．計算手順は図 2.1 に示したとおりである．本節では OpenFOAM による解析を体験してもらうことを目的とするため，計算の操作のみを示す．計算条件などの設定の詳細は 4.14 節で述べる．

### 2.5.1 解析条件

モデルの寸法を図 2.13 に示す．左下の入り口を in1，右下の入り口を in2 とする．右上を出口 out とする．設定条件は以下とする．

- 流体は空気
- in1：0.2 m/s，20°C
- in2：1 m/s，40°C
- out：大気圧
- side：壁面．固着条件 (non-slip)，断熱

blockMesh と snappyHexMesh を用いてメッシュを生成し，同一メッシュを用いて simpleFoam による定常等温流動解析と，buoyantPimpleFoam による非定常熱流動解析を行う．

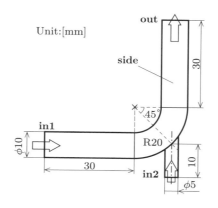

**図 2.13** ミキシングエルボーモデル

### 2.5.2 ケースファイルのダウンロード

以下の Web サイトに記載の手順に従い，ミキシングエルボーの熱流動解析チュー

トリアルのケースファイルをダウンロードする.

https://www.morikita.co.jp/books/mid/069102

### 2.5.3 メッシュの作成

定常流動解析用のケースディレトリに移動して, blockMesh を実行してメッシュを作成する.

```
$ cd steadyIsothermal
$ blockMesh
```

次に, surfaceFeatureExtract を用いてミキシングエルボーの特徴線を抽出する.

```
$ surfaceFeatureExtract
```

続いて, snappyHexMesh を用いてミキシングエルボーの境界に適合したメッシュを作成する.

```
$ snappyHexMesh -overwrite
```

### 2.5.4 メッシュの確認

**■ ParaView の起動**　作成したメッシュを可視化するため, ParaView を起動する.

```
$ paraFoam
```

ParaView が起動したら, "Properties" タブ内にある "Use VTKPolyhedron" をチェックしてから, 左の "Apply" ボタン (図 2.8) を押す.

**■メッシュの辺表示**　さらに, メッシュの Edges(辺) を表示させるため, "Properties" タブ内にある "Representation" (表示法) で, "Surface With Edges" を選択する (図 2.14).

**図 2.14** Representation 選択ドロップダウンリスト

**■モデルの色付け**　モデルの色を白にするには, "Properties" タブ内にある "Coloring" (色付け) で, "Solid Color" を選択する (図 2.15).

**■座標軸の表示**　画面の上にある "Show Orientation Axes" (座標軸表示) ボタン (図

図 **2.15** Coloring 選択ドロップダウンリスト

図 **2.16** "Show Orientation Axes" ボタン

2.16) はトグルになっており，押すと座標軸の表示・非表示を切り換えられるが，ここでは座標軸を表示させる．

■**メッシュの表示**　さらに，右の描写画面で右クリックしながらマウス操作を行ってモデルを適当に回転させると，図 2.17 に示すようなメッシュ図を表示できる．
メッシュの確認ができたら，いったん ParaView を終了する．

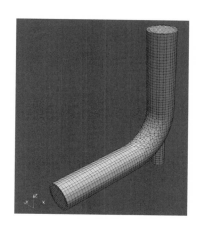

図 **2.17**　snappyHexMesh により作成したメッシュの表示

### 2.5.5　定常等温流動解析　　☞ 4.11 節 (p.106)，4.14.2 項 (p.114)

ソルバーの実行

定常乱流解析ソルバー simpleFoam を実行する．

```
$ simpleFoam > log.simpleFoam
```

後で残差を確認するが，そのためにはソルバーのログファイルが必要なので，ログファイルを残すように，ソルバーのコマンドの後に ">" とログファイル名を記して，ソル

バーの出力をログファイルに保存 (リダイレクト) するようにする.

　ソルバーのログを実行中に確認するには, tail コマンドを用いて以下のようにする.

```
$ tail -f log.simpleFoam
```

画面上に End が表示されれば, ソルバーの実行が終了しているので, Ctrl+C キー
を押して tail コマンドを終了させる.

### 残差の確認

　残差を確認するために, foamLog を実行する.

```
$ foamLog log.simpleFoam
```

各変数の残差が "logs" というディレクトリに格納される. これを以下のようにして
グラフ描画アプリケーション Gnuplot で描画する.

```
$ gnuplot residual.gp
```

これにより, EPS 形式のプロットファイル residual.eps が作成されるので,
Ghostview や Evince などの EPS 形式に対応したビューワーで表示すると, 図 2.18
のような残差のプロット図が得られる.

```
$ evince residual.eps
```

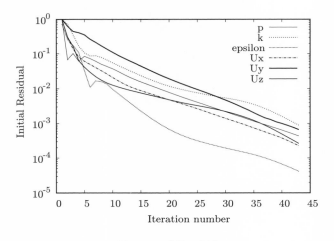

図 2.18　残差の表示

## 結果の確認

**■ ParaView の起動**　ParaView を起動して結果を確認する.

```
$ paraFoam
```

**■最終時刻への移動**　最終時刻の結果を表示するために, 画面の上にある 図 2.19 の "Last Frame" ボタンを押して, 最終時刻 (反復) に移動してから, "Apply" ボタン (図 2.8) を押す.

図 **2.19**　"Last Frame" ボタン

**■速度の大きさによる色付け**　"Properties" タブ内にある "Coloring" で, "○ U" (速度) を選択する.

**■ Y 方向法線の断面表示**　モデル断面の値の分布を見るには, "Slice" (断面) フィルターを使う. メニュー [Filters]→[Common]→[Slice] を選択するか, "Slice" フィルターボタン (図 2.20) を押す.

図 **2.20**　"Slice" フィルターボタン

　さらに, "Properties" タブで "Y Normal" (Y 方向法線断面) ボタン (図 2.21) を押して, 法線が Y 方向の中心断面を設定し, "Apply" ボタンを押す. 矢印や赤線枠の断面表示ガイドが今後の可視化の邪魔になるので, "Show Plane" のチェックを外して非表示にする.

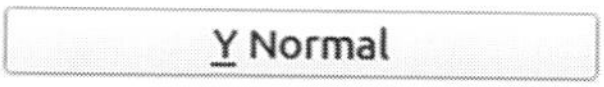

Y Normal

図 **2.21**　"Y Normal" ボタン

**■カメラの向きの切替**　カメラの向きを Y 方向にするために, 画面上部にある "Set view direction to +Y" (画面の方向を +Y に設定) ボタン (図 2.22) を押す.

図 **2.22**　"Set view direction to +Y" ボタン

**■カラーバーの表示** 画面上部にあるカラーバー表示ボタン (図 2.23) を押して，流速のカラーバーを表示させる．

図 **2.23** カラーバー表示ボタン

**■流速の可視化** 以上の操作により，図 2.24 のような Y 方向中心断面の流速分布が表示される．

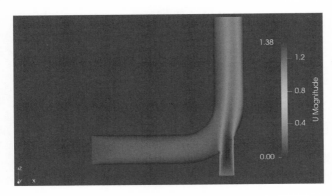

図 **2.24** ミキシングエルボーの速度分布

### 2.5.6 非定常熱流動解析 ☞ 4.11 節 (p.106)，4.14.3 項 (p.123)

上記で行った simpleFoam による定常等温流動解析のケースと同じメッシュを用いて，buoyantPimpleFoam による非定常熱流動解析を行う．

**定常等温流動解析ケースのメッシュの流用**

まず，非定常熱流動解析のケースディレクトリに移動する．

```
$ cd ../transientThermal
```

次に，以下のようにして，定常等温流動解析ケースのメッシュデータのディレクトリ costant/polyMesh へのリンクを作成する．

```
$ cd constant
$ rm -rf polyMesh
$ ln -s ../../steadyIsothermal/constant/polyMesh .
$ cd ..
```

格子数が多いメッシュのデータサイズは大きくなるため，メッシュが同一の場合には，コピーせずに上記のようにシンボリックリンクを作成することにより，コピーの時間やハードディスク容量の消費量を削減できる．

### ソルバーの実行

非定常熱流動解析ソルバー buoyantPimpleFoam を実行する．

```
$ buoyantPimpleFoam > log.buoyantPimpleFoam
```

並列計算を実行する場合は，まず decomposePar で並列領域の分割を行う．

```
$ decomposePar > log.decomposePar
```

ソルバーを並列実行するには，次のようにする．

```
$ mpiexec -n 2 buoyantPimpleFoam -parallel > log.buoyantPimpleFoam
```

計算が終わったら，reconstructPar で並列領域を結合する．

```
$ reconstructPar > log.reconstructPar
```

シリアル計算，並列計算にかかわらず，ソルバーのログを実行中に確認するには，定常等温流動解析と同様に `tail` コマンドを用いて以下のようにする．

```
$ tail -f log.buoyantPimpleFoam
```

### 結果の確認

■ **ParaView の起動**　ParaView を起動して結果を確認する．

```
$ paraFoam
```

■**最終時刻への移動**　最終時刻での解析結果を表示するために，画面上部にある 図 2.19 の "Last Frame" ボタンを押して最終時刻に移動してから，"Apply" ボタン (図 2.8) を押す．

■**時刻の表示**　非定常解析であるので，時刻を表示させることが重要である．メニュー [Sources]→[Annotate Time] を選択し，"Apply" ボタンを押すと時刻を表示させることができる．

■**流速の表示**　定常等温流動解析と同様の操作を行えば，図 2.25 に示すような，Y 方向中心断面の流速分布を表示できる．

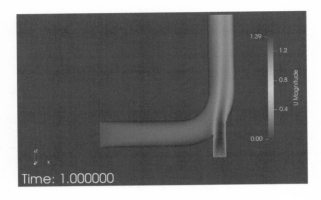

図 2.25　ミキシングエルボーの速度分布

■温度の表示　"Pipeline Browser" で "transientThermal.OpenFOAM" を選択し，"Properties" タブ内にある "Volume Fields" で "T"（温度）をチェックして "Apply" ボタンを押す．"Properties" タブ内にある "Coloring" で，"○ T"（節点での温度）を選択すると，図 2.26 に示すような，Y 方向中心断面のケルビン単位の温度分布を表示できる．

図 2.26　ミキシングエルボーの温度分布

■アニメーション　pitzDaily チュートリアルと同様に，図 2.10 に示す再生ボタンを押すと，結果が保存された時刻に対するアニメーションを表示する．

　また，メニュー [File]→[Save Animation] で動画のサイズを設定した後 "Save Animation" ボタンを押し，さらに保存ディレクトリおよびファイル名と動画もしくは画像の形式を指定すると，そこに動画もしくは画像が保存される．JPEG 形式で保存した場合は，次のように実行すると GIF アニメーションを作成できる．

```
$ convert *.jpg anime.gif
```

ただし，このコマンドを使うには ImageMagick がインストールされている必要がある．また，次のように実行すれば，MPEG ファイルをつくることもできる．

```
$ convert *.jpg anime.mpeg
```

ただし，これもまた FFmpeg などに依存しているため，必要なパッケージがインストールされている必要がある．

# 第3章
# メッシュの作成

　本章では，OpenFOAM による解析に必要なメッシュの作成方法について説明する．ここでは主に OpenFOAM の標準ユーティリティに含まれている blockMesh と snappyHexMesh について述べる．snappyHexMesh を用いるには別途 3D–CAD ソフトにより形状を作成する必要があるが，付録 D で FreeCAD による形状作成方法を述べているので，そちらもあわせて参照してほしい．

## 3.1　OpenFOAM 用メッシュの作成

　OpenFOAM のソルバーのような有限体積法による熱流体解析ソルバーは，解析する空間をセルで分割したメッシュをつくる必要がある．メッシュを作成する場合，ダクト内や車体周りなどの空間形状を直接メッシュで作成することもあるが，ふつうは解析する空間を囲む形状を先に定義して，その中にメッシュを割り当てるような手順を踏む．このとき，空間を囲む形状のことをジオメトリとかモデルなどとよぶことがある (形状とメッシュを合わせてモデルという場合もある)．

　OpenFOAM 用のメッシュを作成するには，メッシュ作成専用のソフト (メッシャー) を用いる．商用ソルバーのユーザーであれば，商用ソルバー用のメッシュ作成ソフトを使ってメッシュをつくり，それを OpenFOAM 用のメッシュに変換するのが簡単である．商用ソルバーのユーザーでなければ，メッシュ作成用のソフトを用意する必要がある．

　メッシュ作成用のソフトは以下のタイプに分けられる．

- 形状は別途用意するものとして，メッシュ作成のみ行えるもの
- 形状作成からメッシュ作成まで行えるもの

　メッシュ作成のみを行えるソフトは，形状として 3D–CAD データなどを要求する．そのため，形状は 3D–CAD ソフトなどの別のソフト (モデラー) で作成する必要がある．

　メッシュの作成に利用できるソフトとして，オープンソースに限定すると表 3.1 のようなものがある．

**表 3.1** メッシュ作成に利用できるオープンソースソフト

| | |
|---|---|
| 形状作成 | FreeCAD |
| メッシュ作成 | snappyHexMesh, blockMesh, cfMesh, Netgen |
| 形状およびメッシュ作成 | SALOME |

### 商用ソルバー用メッシュの変換

OpenFOAM では，商用ソルバー用のメッシュを OpenFOAM 用のメッシュに変換するためのユーティリティが用意されている．たとえば，ANSYS FLUENT 用のメッシュを OpenFOAM で利用するためのものとして，fluent3DMeshToFoam や fluentMeshToFoam がある．"elbow.msh" という名前の FLUENT 用のメッシュファイルを使いたい場合は，ケースディレクトリにおいて次のように実行する．

```
$ fluentMeshToFoam elbow.msh
```

### 形状作成ソフト

■ **FreeCAD**[8] (図 3.1)　発展途上の 3D–CAD ソフト．活発に開発が行われている．CAD に慣れている人には取っ付きやすい．

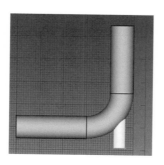

**図 3.1** FreeCAD による形状の作成

### メッシュ作成ソフト

■ **blockMesh**　OpenFOAM の標準ユーティリティに含まれているプログラムで，モデルをブロックの集合として表現し，それぞれのブロックを格子状のメッシュに分割する．設定はテキストで行う．

以下のような内容の `blockMeshDict` ファイルをケースディレクトリの `system` に用意する．

blockMeshDict

```
vertices
(
    (0 0 0)
    (1 0 0)
    (1 1 0)
    (0 1 0)
    (0 0 0.1)
    (1 0 0.1)
    (1 1 0.1)
    (0 1 0.1)
);

blocks
(
    hex (0 1 2 3 4 5 6 7) (20 20 1) simpleGrading (1 1 1)
);
```

　点を定義し，その点を使ってブロックを定義する．単純な形状であればこれで対応可能だが，複雑な形状を作成するのは難しい．

■**snappyHexMesh**（図3.2）　OpenFOAM の標準ユーティリティに含まれているプログラムで，STL ファイルなどの形状データをもとに，おおむね六面体メッシュを自動作成する．設定はテキストで行う．設定パラメタが多く，調整が少し難しい．

**図 3.2**　snappyHexMesh によるメッシュの作成

■**cfMesh**[9]　snappyHexMesh 同様，STL ファイルなどからほぼ六面体メッシュを自動作成する．標準ユーティリティではないが，OpenCFD 社版 OpenFOAM には同梱されている．本書では詳しくは説明しないが，Marić らによる本[10]に使い方の説明がある．

■ **Netgen**[11] (図 3.3)　STL ファイルなどから四面体メッシュを自動作成する.
OpenFOAM 用のメッシュを直接出力することができる. 他のメッシュ作成ソフトの
ライブラリとして使われていることが多い.

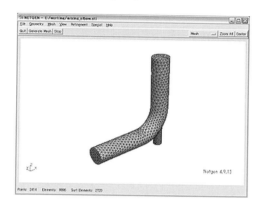

図 **3.3**　Netgen によるメッシュの作成

### 形状・メッシュ作成ソフト

■ **SALOME**[12] (図 3.4)　形状作成からメッシュ作成まで行えるソフト. 四面体メッ
シュや六面体メッシュを作成できる. メッシュファイルのフォーマットとして I-DEAS
Universal 形式で出力可能で, OpenFOAM の標準ユーティリティ ideasUnvToFoam
で OpenFOAM 用メッシュに変換できる. 操作が独特で, 慣れが必要である.

　本章では, 上記のうち snappyHexMesh と blockMesh について解説する. また,
FreeCAD については付録 D で解説している.

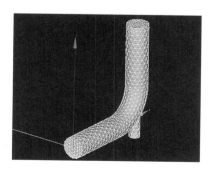

図 **3.4**　SALOME によるメッシュの作成

## 3.2　blockMesh によるメッシュの作成

　blockMesh は OpenFOAM の標準ユーティリティに含まれ，構造格子状に分割されるブロックによってメッシュを構成する．ケースディレクトリの system に，blockMeshDict という次のような内容のファイルを用意する．

system/blockMeshDict

```
FoamFile
{
    version     2.0;
    format      ascii;
    class       dictionary;
    object      blockMeshDict;
}

scale 1;

vertices
(
    (0 0 0)
    (1 0 0)
    (1 1 0)
    (0 1 0)
    (0 0 0.1)
    (1 0 0.1)
    (1 1 0.1)
    (0 1 0.1)
);

blocks
(
    hex (0 1 2 3 4 5 6 7) (20 20 1) simpleGrading (1 1 1)
);

edges
(
);

boundary
(
    top
    {
        type wall;
        faces
        (
```

```
            (3 7 6 2)
        );
    }
    bottom
    {
        type wall;
        faces
        (
            (1 5 4 0)
        );
    }
    left
    {
        type wall;
        faces
        (
            (0 4 7 3)
        );
    }
    right
    {
        type wall;
        faces
        (
            (2 6 5 1)
        );
    }
    frontAndBack
    {
        type empty;
        faces
        (
            (0 3 2 1)
            (4 5 6 7)
        );
    }
);

mergePatchPairs
(
);
```

以下で, 上記ファイルの内容について詳しく説明する.

### scale

scale はスケーリングの係数を指定する.

```
scale 1;
```

上の例のように数値を 1 に設定すると，形状の定義はメートル単位となる．ミリメートル単位で形状を定義したければ，0.001 を指定すればよい．

### vertices

vertices では，座標により点を定義する．上から 0, 1, 2, ... という番号で参照される．

```
vertices
(
    (0 0 0)
    (1 0 0)
    (1 1 0)
    (0 1 0)
    (0 0 0.1)
    (1 0 0.1)
    (1 1 0.1)
    (0 1 0.1)
);
```

### blocks

点でブロックを構成する．

```
blocks
(
    hex (0 1 2 3 4 5 6 7) (20 20 1) simpleGrading (1 1 1)
);
```

はじめの括弧内の数字の列は点の番号を示しており，図 3.5 のように対応している．

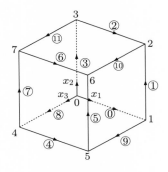

**図 3.5** blockMesh のブロック

　二つめの括弧内の数字の列は分割数を示している．図の点 0 に描かれている矢印は局所座標系を表しており，分割数は $(x_1\ x_2\ x_3)$ の順番で指定する．すなわち，図の丸で囲まれた数字は辺の番号であるが，辺 ⓪ の方向，辺 ③ の方向，辺 ⑧ の方向の順番で分割数を指定する．上記の例では，辺 ⓪，③，⑧ それぞれの方向で分割数を 20，20，1 と指定している．

　最後の記述はメッシュ分割を片方に寄せるためのもので，次のようなものがある．

- simpleGrading (g0 g1 g2)
- edgeGrading (g0 g1 g2 g3 g4 g5 g6 g7 g8 g9 g10 g11)

　g0，g1，g2，... には，辺の既定の方向の最後の分割幅が最初の分割幅の何倍になるかという拡大率を指定する．たとえば 1.5 という数字を指定したならば，最後の分割幅が最初の分割幅の 1.5 倍になるので，分割幅がだんだん大きくなる．0.5 などと設定すると，逆に分割幅が小さくなっていく．辺の方向は，図の矢印のように $0 \to 1$，$0 \to 3$，$0 \to 4$ の方向になっており，図でこの 3 辺と平行な辺はそれぞれ同じ方向を向いている．simpleGrading は，分割数と同様に局所座標系 3 方向の拡大率をそれぞれ指定する．edgeGrading はすべての辺に対してそれぞれ拡大率を設定できる．

　辺の両端にメッシュを寄せたりしたい場合は，次のような方法が使える．

```
blocks
(
    hex (0 1 2 3 4 5 6 7) (20 20 1) simpleGrading (
        (
            (0.2 0.3 4)
            (0.6 0.4 1)
            (0.2 0.3 0.25)
        )
        1 1)
);
```

simpleGrading の g0 にリストを設定している．リストの項目内は，それぞれ辺の領域の割合，セル数の割合，拡大率である．1 行目は辺の 20% にセル数の 30% を含めて，4 倍で分割幅を大きくしていくことを意味している．2 行目は分割幅一定の領域で，3 行目は 1 行目と同じ割合で，今度は 0.25 倍，つまり分割幅 1/4 していくことを意味している．これにより両端に同じ割合でメッシュを寄せることができる．

### edges

　edges は上の例では使用していないが，辺の形状を定義するものである．次のような設定ができる．

- line v1 v2
- arc v1 v2 (x y z)
- polyLine
- spline
- BSpline

v1, v2 は辺の端点の番号を指定する．line は直線の設定であり，ふつうはわざわざ設定する必要はない．arc は座標を指定して，端点と指定した座標を通る円弧を描く．polyLine は座標列を指定し，端点とその座標を直線で結んでいく．spline, BSpline は端点と指定座標列を通るスプライン曲線および B スプライン曲線を定義する．

### boundary

boundary では境界を定義する．

```
boundary
(
    top
    {
        type wall;
        faces
        (
            (3 7 6 2)
        );
    }
);
```

"top" は定義する境界の名前である．type には，表 3.2 のような境界のタイプを指定する．

表 3.2　境界のタイプ

| | |
|---|---|
| patch | パッチ |
| wall | 壁 |
| symmetryPlane | 対称面 |
| cyclic | 周期境界 |
| cyclicAMI | 不整合周期境界 |
| wedge | 2 次元軸対称 |
| empty | 2 次元 |

パッチ (patch) というのは，入口や出口で使用されるタイプである．cyclic, cyclicAMI については "neighbourPatch" で対応する境界を指定する．計算しない方向の両面を empty に設定すると，2 次元問題と見なされる．また，実際の 3 次

元モデルの小さな角度の (たとえば 5° より小さな) 楔形のモデルをつくり，計算しない両面を `wedge` に設定すると，2 次元軸対称問題と見なされる．

　`faces` は境界として設定する面を構成する点の列を指定する．"(3 7 6 2)" は点 3，7，6，2 でつくる面 (図 3.5 の上面) を意味する．

　次のようにすると，ParaView で `blockMeshDict` の形状の確認ができる．

```
$ touch case.blockMesh
$ paraview --data=case.blockMesh &
```

コマンドの 1 行目では "case.blockMesh" という空のファイルをつくっている．2 行目ではつくったファイルを開くようにオプションで指定して，ParaView を起動している．

　`blockMeshDict` の用意ができたら，ケースディレクトリ内で blockMesh を実行してメッシュを作成する．

```
$ blockMesh
```

　blockMesh を含め，標準ソルバー，標準ユーティリティは基本的にケースディレクトリ内で実行する．ケースディレクトリ以外の場所で実行したい場合は，オプション "-case" でケースディレクトリの場所を指定すればよい．たとえば，`pitzDaily` ディレクトリに対して blockMesh を実行する場合は，次のようにする．

```
$ blockMesh -case pitzDaily
```

　メッシュを paraFoam (ParaView) で確認する場合，境界条件を適切に設定していないとメッシュを開くことができない場合がある．とりあえずメッシュの確認だけしたい場合は，0 ディレクトリの名前を一時的に変えてやればよい．

```
$ mv 0 0.org
```

もとに戻すには，次のようにする．

```
$ mv 0.org 0
```

#### mergePatchPairs

　`mergePatchPairs` は結合する境界の対を指定する．いくつかのブロックを点を共有しない形で作成して，それらを結合したい場合，たとえば共有面の境界名を patch1，patch2 とすると，次のように設定する．

```
mergePatchPairs
(
```

```
    (patch1 patch2)
);
```

patch1 と patch2 は分割の仕方が一致している必要がある．これにより patch1 と patch2 が結合され，その部分の面は生成されなくなる．

## 3.3 snappyHexMesh によるメッシュの作成

snappyHexMesh は，OpenFOAM の標準ユーティリティに含まれるものであり，構造格子状のメッシュを形状に適合させることでメッシュを構成する．STL などの形状ファイルから，ほぼ六面体セルによるメッシュを半自動的に作成することができる．

ベースとなるメッシュは blockMesh で作成する．snappyHexMesh の設定は，`system/snappyHexMeshDict` で行う．

### 3.3.1 snappyHexMesh のしくみ

snappyHexMesh は次のような手順でメッシュを作成する．実際は 3 次元だが，説明のため，2 次元の図を示す．

1. STL などのサーフェイスを用意する (図 3.6(a))．STL などの形状ファイルは，`constant/triSurface` に入れておく．形状ファイルとしては，STL ファイル

（a）サーフェイスを用意

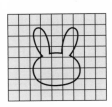

（b）ベースとなるメッシュを作成

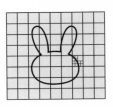

（c）細分化（一部）

（d）細分化（全部）

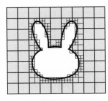

（e）領域外を取り除く

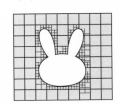

（f）メッシュをサーフェイスに合わせる

**図 3.6** snappyHexMesh のメッシュ作成手順

のほか，OBJ ファイルや VTK ファイルも使える．

2. blockMesh でベースとなるメッシュを作成する (図 (b))．ここまで手動で行う．

3. ここからは snappyHexMesh 内の動きである．境界近傍を六面体で細分化する．一部分だけ実施したのが図 (c) である．

4. これをサーフェイス全体に対して行う (図 (d))．

5. 領域外になる部分のセルを取り除く (図 (e))．ここまでを "castellated" (西洋のお城のようにする) とよぶ．

6. 領域外に飛び出た部分をサーフェイスに合わせる ("snap") (図 (f))．

7. 必要があれば，境界層メッシュを挿入する．

### 3.3.2　設定とメッシュの作成

　ここではミキシングエルボーモデルの例を示しながら，blockMesh および snappy-HexMesh によるメッシュの作成について説明する．

　まず，ミキシングエルボーの熱流動解析チュートリアルのトップディレクトリに移動する．

```
$ run
$ cd mixing_elbow
```

　さらに，メッシュ生成を行う定常等温流動解析のケースディレクトリに移動しておく．

```
$ cd steadyIsothermal
```

### 3.3.3　blockMesh

　blockMesh で，モデル全体を囲む大きさの直方体をつくる．モデルの範囲よりも少し広めにする．なお，モデルの範囲を調べるには，ParaView (paraFoam ではない) で形状ファイル (ここでは，constant/triSurface/mixing_elbow.stl) を読み込み，"Information" タブにある "Bounds" を見ればよい (ParaView の使い方については付録 C を参照)．

　blockMeshDict を次に示す．

system/blockMeshDict

```
FoamFile
{
    version     2.0;
    format      ascii;
    class       dictionary;
```

```
    object        blockMeshDict;
}

scale 1;

minx -0.00101;
maxx  0.05101;
miny -0.00601;
maxy  0.00601;
minz -0.01001;
maxz  0.04601;

nx 52;
ny 12;
nz 56;

vertices
(
    ($minx $miny $minz)
    ($maxx $miny $minz)
    ($maxx $maxy $minz)
    ($minx $maxy $minz)
    ($minx $miny $maxz)
    ($maxx $miny $maxz)
    ($maxx $maxy $maxz)
    ($minx $maxy $maxz)
);

blocks
(
    hex (0 1 2 3 4 5 6 7) ($nx $ny $nz) simpleGrading (1 1 1)
);

edges
(
);

boundary
(
    minX
    {
        type patch;
        faces
        (
            (0 4 7 3)
        );
    }
```

```
    maxX
    {
        type patch;
        faces
        (
            (2 6 5 1)
        );
    }
    minY
    {
        type wall;
        faces
        (
            (1 5 4 0)
        );
    }
    maxY
    {
        type wall;
        faces
        (
            (3 7 6 2)
        );
    }
    minZ
    {
        type wall;
        faces
        (
            (0 3 2 1)
        );
    }
    maxZ
    {
        type wall;
        faces
        (
            (4 5 6 7)
        );
    }
);
```

この blockMeshDict では，汎用性のために設定の一部がキーワードの参照を用いて書かれている．"minx"，"maxx" などが設定変更用のキーワードで，"$minx"，"$maxx" などとして参照されている．"minx"，"maxx"，…，"maxz" でモデルを囲む直方体の範囲を設定する．

　snappyHexMesh のメッシュサイズは blockMesh のメッシュサイズによって決まるので，ここで十分な分割数を設定する必要がある．上の blockMeshDict では "nx"，"ny"，"nz" が分割数にあたり，ここでは $52 \times 12 \times 56$ 分割としている．これらの値を大きくすれば，より細かいメッシュが得られる．モデルを囲むメッシュは必ずしも直方体にする必要はなく，できるだけモデル形状に近いメッシュをつくっておいたほうがきれいなメッシュをつくりやすい．

　準備が整ったら，blockMesh を実行する．

```
$ blockMesh
```

### 3.3.4　特徴線

　snappyHexMesh において，特徴線 (feature) を利用することがある．特徴線はメッシュを形状に合わせるために使われるもので，surfaceFeatureExtract で作成する．設定は `system/surfaceFeatureExtractDict` で行う．

system/surfaceFeatureExtractDict

```
FoamFile
{
    version     2.0;
    format      ascii;
    class       dictionary;
    object      surfaceFeatureExtractDict;
}

mixing_elbow.stl
{
    extractionMethod    extractFromSurface;

    extractFromSurfaceCoeffs
    {
        includedAngle   150;
    }

    writeObj            yes;
}
```

includedAngle は特徴線を抽出する角度である．辺に隣接する2つの三角形の法線がなす角度が includedAngle 以下であれば，その辺を特徴線とする．

　次のように実行する．

```
$ surfaceFeatureExtract
```

### 3.3.5　snappyHexMesh の設定

snappyHexMesh の設定は system/snappyHexMeshDict で行う. サンプルファイル ($FOAM_ETC/caseDicts/annotated/snappyHexMeshDict) には各キーワードごとにコメントが書かれているので, これらを参考に作成する. また, 上記のサンプルファイルはメッシュ品質の定義ファイル$FOAM_ETC/caseDicts/annotated/meshQualityDict を読み込むので, これもサンプルファイル ($FOAM_ETC/caseDicts/mesh/generation/meshQualityDict) を参考に作成する.

以下では, snappyHexMeshDict の各設定項目について説明する.

■**スイッチ**　snappyHexMesh によるメッシュの作成には三つのステップがある.

1. ブロックメッシュから形状と重なった部分だけを取り出す
2. メッシュを形状に合わせる (snap)
3. 境界層メッシュを追加する

system/snappyHexMeshDict

```
castellatedMesh true;
snap            true;
addLayers       true;
```

上記はそれぞれのスイッチである. 後述するが, スイッチを切り替えて手動で 1 ステップずつ実行することもできる.

■**形状の指定**　形状ファイルの指定は geometry で行う.

```
geometry
{
    mixing_elbow.stl
    {
        type triSurfaceMesh;
        name mixing_elbow;
    }
};
```

■**ブロック状メッシュの作成**　ブロック状メッシュ作成の設定を castellatedMeshControls で行う.

```
castellatedMeshControls
{
    maxLocalCells 100000;

    maxGlobalCells 2000000;
```

```
minRefinementCells 0;

maxLoadUnbalance 0.10;

nCellsBetweenLevels 1;

features
(
    {
        file "mixing_elbow.eMesh";
        level 0;
    }
);

refinementSurfaces
{
    mixing_elbow
    {
        level (0 0);

        regions
        {
            out
            {
                level (0 0);

                patchInfo
                {
                    type patch;
                }
            }
            in1
            {
                level (0 0);

                patchInfo
                {
                    type patch;
                }
            }
            in2
            {
                level (0 0);

                patchInfo
                {
```

```
                           type patch;
                       }
                   }
               }
           }
       }

    resolveFeatureAngle 30;

    planarAngle 30;

    refinementRegions
    {
    }

    locationInMesh (0.00001 0.00001 0.00001);

    allowFreeStandingZoneFaces true;
}
```

セルの数は `maxGlobalCells` で制限される.

`features` は,特徴線による細分化を指定できる (特徴線は surfaceFeatureExtract で作成しておく). たとえば,特徴線の部分を 1 段階細分化する場合には,次のように設定する.

```
features
(
    {
        file "mixing_elbow.eMesh";
        level 1;
    }
);
```

また,`level` の代わりに,次のように `levels` を使うこともできる.

```
        levels ((0.001 2) (0.002 1));
```

境界から距離 0.001 の範囲は 2 段階,距離 0.002 の範囲は 1 段階の細分化を行うようにしている.

`refinementSurfaces` は境界メッシュの細分化を制御する. たとえば,次のように設定すると,1 段階から 2 段階の間で境界メッシュを細分化する.

```
refinementSurfaces
{
    mixing_elbow
    {
```

```
            level (1 2);
        }
    }
```

この設定自体は形状の指定でもあるので，境界メッシュの細分化が必要なくても必ず設定する．

`locationInMesh` では，メッシュ内部の座標を指定する．たとえば，配管の中の座標を指定すれば配管の内部流れのメッシュがつくられ，配管の外の座標を指定すれば配管の外部流れのメッシュがつくられる．ただし，この点は snappyHexMesh による格子細分割の過程で，格子の辺上や格子の界面上に位置してはいけないことに注意する．

■**スナップ**　メッシュを形状に合わせるスナップ (snap) の設定を行う．

```
snapControls
{
    nSmoothPatch 3;

    tolerance 2.0;

    nSolveIter 30;

    nRelaxIter 5;

    nFeatureSnapIter 10;

    implicitFeatureSnap false;

    explicitFeatureSnap true;

    multiRegionFeatureSnap false;
}
```

`nSmoothPatch` はパッチのスムージングの設定で，やりすぎると角が丸くなる．

`explicitFeatureSnap` を有効にすると，特徴線にメッシュを合わせる．この場合，`castellatedMeshControls` で特徴線を指定しておく必要がある．一方，`implicitFeatureSnap` を有効にすると，特徴線を使わずにメッシュを形状に合わせる．あわせて，`nFeatureSnapIter` を設定する必要がある．

■**境界層メッシュの追加**　境界層メッシュの追加の設定を行う．

```
addLayersControls
{
    relativeSizes true;

    expansionRatio 1.0;
```

```
    finalLayerThickness 0.3;

    minThickness 0.25;

    layers
    {
        "mixing_elbow_side"
        {
            nSurfaceLayers 3;
        }
    }

    nGrow 0;

    featureAngle 130;

    maxFaceThicknessRatio 0.5;

    nSmoothSurfaceNormals 1;

    nSmoothThickness 10;

    minMedialAxisAngle 90;

    maxThicknessToMedialRatio 0.3;

    nSmoothNormals 3;

    slipFeatureAngle 30;

    nRelaxIter 5;

    nBufferCellsNoExtrude 0;

    nLayerIter 50;

    nRelaxedIter 20;
}
```

layers で，境界層メッシュを追加する境界と層の数を指定する．境界の名前は，形状の名前が "mixing_elbow" で STL の境界名が "side" であれば，"mixing_elbow_side" となる．

　expansionRatio で層の拡大率を指定する．featureAngle は境界層メッシュを入れない面の接続角度である．

**■メッシュ品質**　メッシュ品質を設定する.

```
meshQualityControls
{
    #include "meshQualityDict"

    relaxed
    {
        maxNonOrtho 75;
    }

    nSmoothScale 4;

    errorReduction 0.75;
}
```

デフォルトの設定と同じである.

**■実行**　設定を終えたら,snappyHexMesh を実行する.

```
$ snappyHexMesh > log.snappyHexMesh
```

snappyHexMesh を実行すると,実行ステップごとに時刻ディレクトリができる.できたメッシュをチェックして問題なければ,0 以外の時刻ディレクトリを削除してから,改めて上書きで snappyHexMesh を実行する.

```
$ snappyHexMesh -overwrite > log.snappyHexMesh
```

完成したメッシュを図 3.7 に示す.

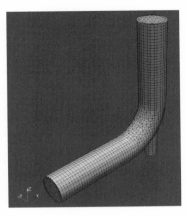

**図 3.7**　snappyHexMesh により作成したメッシュ

### 3.3.6　メッシュのチェック

　メッシュができたら，計算に不都合な品質の悪いメッシュができていないかcheckMeshでチェックする．snappyHexMesh を "-overwrite" オプションで実行した場合，メッシュは constant ディレクトリ以下に出力されるので，以下のように "-constant" オプションを付けて checkMesh を実行する．

```
$ checkMesh -constant > log.checkMesh
```

エラーメッセージが出なければよい．

### 3.3.7　メッシュの初期化

　もし完全にまっさらな状態から (blockMesh から) やり直したい場合は，foamClean-PolyMesh でメッシュ情報を削除する．

```
$ foamCleanPolyMesh
```

### 3.3.8　より高度な snappyHexMesh 設定

　ミキシングエルボーの熱流動解析チュートリアルでは設定していない，より高度なsnappyHexMesh の設定および使い方を以下に示す．

#### メッシュの細分化

　castellatedMeshControls の refinementRegions で細分化領域を指定できる．細分化領域は，geometry で次のように定義する．

```
geometry
{
    mixing_elbow.stl
    {
        type triSurfaceMesh;
        name mixing_elbow;
    }
    box
    {
        type searchableBox;
        min (0.04 -0.006 -0.01);
        max (0.05  0.006  0.01);
    }
    cylinder
    {
        type searchableCylinder;
        point1 (0.044 0 -0.01);
        point2 (0.044 0  0.01);
```

```
        radius 0.003;
    }
    sphere
    {
        type searchableSphere;
        centre (0.044 0 0);
        radius 0.01;
    }
};
```

上の例では，"box"，"cylinder"，"sphere"としてそれぞれ直方体，円筒，球で細分化領域を定義している．

形状ファイルも細分化領域に指定できる．細分化の設定は次のようにする．

```
    refinementRegions
    {
        mixing_elbow
        {
            mode distance;
            levels ((0.001 2) (0.002 1));
        }

        box
        {
            mode inside;
            levels ((1E15 2));
        }
    }
```

modeには"distance"，"inside"，"outside"が指定できる．distanceは距離で細分化レベルを指定する．levelsはfeaturesのものと同様である．inside, outsideは領域内部あるいは外部の細分化レベルを指定する．levelsはfeaturesのものと同様であるが，項目は一つだけ指定する．また，レベルの指定だけが使われ，距離の指定は無視される．

### ステップごとの実行

ブロック状メッシュの作成，スナップ，境界層メッシュの追加の各ステップは別々に実行できるため，各ステップで設定を変えて実行することができる．たとえば，境界層メッシュの追加だけ設定を変えたい場合，次のようなスクリプトを実行すればよい．

createMesh

```
#!/bin/sh
foamCleanPolyMesh
```

```
blockMesh
surfaceFeatureExtract
snappyHexMesh -overwrite -dict system/snappyHexMeshDict.1
snappyHexMesh -overwrite -dict system/snappyHexMeshDict.2
```

"system/snappyHexMeshDict.1" では castellatedMesh と snap のスイッチを有効 (true) にし，addLayers は無効 (false) にする．一方，"system/snappyHexMeshDict.2" では castellatedMesh と snap を無効 (false) にし，addLayers のみを有効 (true) にすれば，境界層メッシュの追加時にメッシュ品質の設定を変えることが可能となる．

## 3.4 メッシュのチェック

checkMesh を実行すると，セル数やメッシュの範囲などのメッシュの情報を得ることができる．

```
$ checkMesh -constant
```

これにより，メッシュの品質に問題がないかどうかをチェックすることができる．セルの体積が 0 以下になっているなど，深刻な問題が存在する場合は，メッシュのチェックに失敗する．メッシュのチェックに失敗するような問題が存在しないとして，ソルバーの実行の際に大きな問題になりえるメッシュ品質のパラメタは non-orthogonality (非直交性) である．直方体が並んだきれいなメッシュの場合，non-orthogonality は次のように表示される．

```
Mesh non-orthogonality Max: 0 average: 0
```

これは，面とセル中心間を結ぶ線の直交性の度合いを表している．この数値は，図 3.8 において，注目セルの中心 P と隣接セルの中心 N とを結んだベクトル $d$ と，両セルが共有する面 $f$ の法線ベクトル $S$ がつくる角度である．

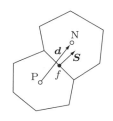

図 **3.8** セルの非直交性

ゆがんだメッシュの場合，次のように表示される．

```
  Mesh non-orthogonality Max: 88.4198 average: 29.1215
 *Number of severely non-orthogonal (> 70 degrees) faces: 2340.
  Non-orthogonality check OK.
<<Writing 2340 non-orthogonal faces to set nonOrthoFaces
```

上記では，いくつかの面において非直交性に深刻な問題があると指摘されている．問題のある面は nonOrthoFaces という面のセット（フェイスセット）がつくられるので，以下のように foamToVTK を用いて VTK 形式に変換する．

```
$ foamToVTK -faceSet nonOrthoFaces
```

これにより，VTK/nonOrthoFaces ディレクトリに nonOrthoFaces_0.vtk といった VTK 形式のファイルが作成されるので，ParaView で読み込むことにより，これらの問題の面を確認することができる．

　メッシュの非直交性は，面の法線方向の勾配を計算するときに問題になり，特にラプラシアンの計算に影響する．非直交性に応じてスキームを調整する必要があるため，ソルバー実行前にこの数値をチェックしておく必要がある．あまりに非直交性が大きい場合は，ソルバーの計算を継続できない可能性がある．目安としては，非直交性が $80°$ を超える場合は，その部分のメッシュをつくり直したほうがよい．

## 3.5　スケールの変換

　ユーティリティ transformPoints でスケールの変換を行うことができる．たとえば，長さの単位を mm としてつくったモデルを m に変換するには，ケースディレクトリで次のようにする．

```
$ transformPoints -scale '(1e-3 1e-3 1e-3)'
```

　OpenCFD 社版の場合は，次のようにしてもよい．

```
$ transformPoints -scale 1e-3
```

## 3.6　メッシュの番号付け

　セルの ID の分布を見るには，foamToVTK で VTK に変換する．

```
$ foamToVTK -with-ids
```

simpleFoam のチュートリアルケース pitzDaily の場合，ParaView で VTK/
pitzDaily_0.vtk を開いてセル ID を見ると，図 3.9 のようになる．セルの ID が
ブロックごとに並んでいるのがわかる．

renumberMesh を使うと，セル ID が全体的に並ぶように番号を付け直せる．

```
$ renumberMesh -overwrite
```

実行結果は次のようになる．

```
Mesh size: 12225
Before renumbering :
    band            : 10081
    profile         : 2.41141e+06

After renumbering :
    band            : 58
    profile         : 660543
```

"band" はバンド幅を表している．有限体積法などによりつくられる代数方程式の係
数行列は 0 要素を多く含む疎行列であり，非 0 要素が対角付近に集まった形になって
いる．この非 0 要素の存在する幅をバンド幅 (band width) とよび，これが小さいほ
うが計算上有利である．

上記の renumberMesh の結果を見ると，番号を付け直したことでバンド幅が小さく
なっているのがわかる．セル ID を表示させてみると，図 3.10 のように全体的に連続
になっている．これにより，特に GAMG(4.7 節 代数方程式ソルバーの設定 を参照)
に対して，高速化の効果が期待できる．

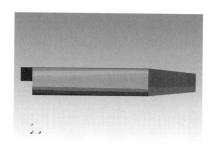
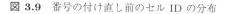
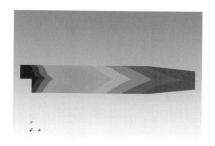

**図 3.9** 番号の付け直し前のセル ID の分布 　　**図 3.10** 番号の付け直し後のセル ID の分布

# 第4章
# OpenFOAM による熱流体解析

本章では, OpenFOAM による熱流体解析のためのケースの設定方法について説明する. 第2章ではチュートリアルケースを用いて概要を簡単に説明したが, 本章では実際の解析における設定方法などを詳しく述べる. ひととおり設定項目について説明した後, ミキシングエルボー解析の設定例を示す.

## 4.1 新しいケースの作成

新規でケースを作成する場合, ケースディレクトリを自分でつくるのは大変なので, ふつうは使用するソルバー, あるいはそれに近いソルバーのチュートリアルケースをコピーし, それを修正してケースを作成する.

チュートリアルのディレクトリのパスは $FOAM_TUTORIALS で参照できる. また, コマンドで "tut" と打つと, チュートリアルのディレクトリに移動できる.

```
$ tut
```

## 4.2 物性値の設定

### 4.2.1 非圧縮性流体ソルバーの物性値の設定

☞ 5.1.1 項 (p.134), 5.1.3 項 (p.134)

simpleFoam などの非圧縮性流体ソルバーの場合, 物性値は constant ディレクトリの transportProperties で設定する.

constant/transportProperties

```
FoamFile
{
    version    2.0;
    format     ascii;
    class      dictionary;
    location   "constant";
```

```
    object          transportProperties;
}

transportModel  Newtonian;

nu              1e-05; // [m2/s]
BirdCarreauCoeffs
{
    nu0         1e-03;
    nuInf       1e-05;
    k           1;
    n           0.5;
}

CrossPowerLawCoeffs
{
    nu0         1e-03;
    nuInf       1e-05;
    m           1;
    n           0.5;
}
```

`transportModel` では，物性の種類を設定する．以下のようなものが指定できる．

- `Newtonian`
- `BirdCarreau`
- `CrossPowerLaw`
- `powerLaw`
- `HerschelBulkley`
- `Casson`
- `strainRateFunction`

ニュートン流体 (`Newtonian`) と非ニュートン流体 (`Newtonian` 以外) を選ぶことができ，それぞれ設定方法が異なる．ここでは `Newtonian` だけを考える．

`Newtonian` の場合，`nu` で動粘性係数 (粘性係数を密度で割ったもの) を指定する．

```
nu              1e-05; // [m2/s]
```

**Boussinesq 近似ソルバー** ☞ 5.1.4 項 (p.135)，5.1.6 項 (p.137)

buoyantBoussinesqSimpleFoam のような，浮力に Boussinesq 近似を用いたソルバーは，非圧縮性流体ソルバーでありながら浮力を考慮できる．これらのソルバーに

は，`constant/transportProperties` において動粘性係数に加えて浮力と熱伝導に関する設定が必要である.

```
// Thermal expansion coefficient
beta            3e-03; // 体積膨張係数 [1/K]

// Reference temperature
TRef            300; // 参照温度 [K]

// Laminar Prandtl number
Pr              0.9; // 層流プラントル数

// Turbulent Prandtl number
Prt             0.7; // 乱流プラントル数
```

動粘性係数 $\nu$ とプラントル数 $Pr$ (粘性係数×比熱/熱伝導率) から，熱拡散率 $\alpha$ が次式で計算される.

$$\alpha = \frac{\nu}{Pr} \tag{4.1}$$

### 4.2.2　圧縮性流体ソルバーの物性値の設定

☞ 5.1.1 項 (p.134)，5.1.3 項 (p.134)，5.1.4 項 (p.135)，5.1.5 項 (p.136)

buoyantSimpleFoam などの圧縮性流体ソルバーの場合は，物性値 (熱物性) を `constant/thermophysicalProperties` で設定する.

constant/thermophysicalProperties

```
FoamFile
{
    version     2.0;
    format      ascii;
    class       dictionary;
    location    "constant";
    object      thermophysicalProperties;
}


thermoType
{
    type                heRhoThermo;
    mixture             pureMixture;
    specie              specie;
    equationOfState     perfectGas;
    transport           const;
    thermo              hConst;
    energy              sensibleEnthalpy;
}
```

```
mixture
{
    specie
    {
        molWeight       28.9;
    }
    thermodynamics
    {
        Cp              1000;
        Hf              0;
    }
    transport
    {
        mu              1.8e-05;
        Pr              0.7;
    }
}
```

thermoType では物性の種類を設定する．いくつかの項目があるが，それぞれで設定するのではなく，可能な項目の組合せがソルバーごとに決まっている．また，設定できたとしても，あくまで物性値を扱う枠組にすぎないため，ソルバーがそれに関する計算に対応しているとは限らない．

### type

熱物理モデル (thermophysical model) の設定を行う．hePsiThermo や heRhoThermo などを指定する．Rho と Psi の違いは，密度を直接扱うか，圧縮率 (compressibility) から計算するかの違いである．

### mixture

化学種の扱い方についての設定を行う．pureMixture, multiComponentMixture, reactingMixture などを指定する．それぞれ単一化学種，複数化学種，化学種の反応を扱うものだが，実際の計算でそれらが扱えるかどうかはソルバーによる．

pureMixture の場合，上記のように mixture で物性値を指定する．物性値をどのように指定するかは，thermoType の設定による．

### specie

常に "specie" を指定する．入力としては，specie で分子量 [kg/kmol] を指定する．

```
specie
{
    molWeight        28.9; // 分子量 [kg/kmol]
}
```

### equationOfState

状態方程式の設定 (密度の計算の設定) を行う. 以下のようなものを指定できる.

■ rhoConst　密度を指定する.

```
equationOfState
{
    rho              1000; // 密度 [kg/m3]
}
```

■ perfectGas　密度を完全気体 (理想気体) の状態方程式から計算する. 密度 $\rho$ は,
圧力 $p$ と温度 $T$ から次式で計算される.

$$\rho = \frac{p}{RT} \tag{4.2}$$

ここで, $R$ は分子量で割られた気体定数 [J/kg-K] である.

■ incompressiblePerfectGas　密度を完全気体 (理想気体) の状態方程式から計算
するが, 圧力には参照圧力を用いる.

```
equationOfState
{
    pRef             101325; // 参照圧力 [Pa]
}
```

密度は, 参照圧力を $p_{\mathrm{ref}}$ として次式で計算される.

$$\rho = \frac{p_{\mathrm{ref}}}{RT} \tag{4.3}$$

■ icoPolynomial　密度を多項式で表す.

```
equationOfState
{
    rhoCoeffs<8>     ( 4.00 -0.0169 3.30e-05 -3.00e-08 1.02e-11 0 0 0 );
}
```

係数はそれぞれ低次の項から指定する.

■ Boussinesq　密度を Boussinesq 近似で表す.

```
    equationOfState
    {
        rho0                1; // 基準密度 [kg/m3]
        T0                300; // 基準温度 [K]
    }
```

基準密度を $\rho_0$, 基準温度を $T_0$, 体積膨張率を $\beta$ として, 密度は次式で計算される.

$$\rho = \{1 - \beta(T - T_0)\}\rho_0 \tag{4.4}$$

### transport

粘性係数や熱伝導率などの輸送特性を設定する. 次のようなものが指定できる.

■ const　粘性係数とプラントル数 (粘性係数×比熱/熱伝導率) を設定する. 熱伝導率はプラントル数から計算される.

```
    transport
    {
        mu                1.8e-05; // 粘性係数 [Pa-s]
        Pr                0.7;        // プラントル数
    }
```

■ polynomial　粘性係数と熱伝導率を多項式で設定する.

```
    transport
    {
        muCoeffs<8>        ( 1.50e-06 6.16e-08 -1.81e-11 0 0 0 0 0 );
        kappaCoeffs<8>     ( 0.00252 8.50e-05 -1.31e-08 0 0 0 0 0 );
    }
```

係数はそれぞれ, 低次の項から指定する.

■ sutherland　Sutherland の式による設定を行う.

```
    transport
    {
        As                1.67212e-06;
        Ts                170.672;
    }
```

Sutherland の式により, 粘性係数 $\mu$ は次式で計算される.

$$\mu = \frac{A_s\sqrt{T}}{1 + T_s/T} \tag{4.5}$$

$A_s$, $T_s$ は物質により異なるパラメタである.

熱伝導率 $k$ は,次の修正 Eucken 相関式 (modified Eucken correlation) で計算される.

$$k = \mu C_v \left(1.32 + \frac{1.77R}{C_v}\right) \tag{4.6}$$

ここで, $C_v$ は単位質量あたりの定積比熱 [J/kg-K] である.

### thermo

比熱などの熱特性を設定する.次のようなものを指定できる.

■ hConst　比熱と標準生成エンタルピーを設定する.

```
thermodynamics
{
    Cp              1000; // 比熱 [J/kg-K]
    Hf              0;     // 標準生成エンタルピー [J/kg]
}
```

■ hPolynomial　比熱を温度の多項式で設定する.

```
thermodynamics
{
    Hf              0; // 標準生成エンタルピー [J/kg]
    Sf              0; // 標準エントロピー [J/kg-K]
    CpCoeffs<8>     ( 948 0.391 -0.000959 1.39e-06 -6.20e-10 0 0 0 );
}
```

係数 CpCoeffs は,低次の項から指定する.

### energy

エネルギーの種類を設定する.ソルバーにあわせて以下のようなものを指定する.

- sensibleEnthalpy
- sensibleInternalEnergy
- absoluteEnthalpy
- absoluteInternalEnergy

## 4.3 重力の設定 ☞ 5.1.6 項 (p.137)

buoyantSimpleFoam などの浮力を考慮できるようなソルバーでは，重力加速度の設定が可能である．重力加速度の設定は constant/g で行う．

constant/g

```
FoamFile
{
    version     2.0;
    format      ascii;
    class       uniformDimensionedVectorField;
    location    "constant";
    object      g;
}

dimensions    [0 1 -2 0 0 0];

value         ( 0 -9.81 0 ); // 重力加速度 [m/s2]
```

モデルのどちらが上方向などと特に決まっているわけではないので，モデルに合わせて重力加速度の方向を設定する．上の例では，Y の正方向をモデルの上方向としている．

## 4.4 乱流モデルの設定
☞ 4.10.2 項 (p.106)，5.1.7 項 (p.137)，5.7 節 (p.158)

### 4.4.1 乱流モデルの設定

乱流モデルの設定は，constant/turbulenceProperties で行う．

constant/turbulenceProperties

```
FoamFile
{
    version     2.0;
    format      ascii;
    class       dictionary;
    location    "constant";
    object      turbulenceProperties;
}

simulationType RAS;

RAS
{
    RASModel kEpsilon;
```

```
    turbulence on;

    printCoeffs on;
}
```

simulationType で以下の設定を行う.

- laminar：層流
- RAS：レイノルズ平均に基づく乱流モデル
- LES：LES (Large Eddy Simulation) モデル

レイノルズ平均による乱流モデルは一般的に RANS (Reynolds-Averaged Navier-Stokes) モデルとよばれるが, OpenFOAM では RAS (Reynolds-Averaged Simulation) モデルとよぶ. RAS モデルを選択した場合は, 辞書の RAS で設定を行う. RASModel で乱流モデルの種類を設定する. 表 4.1 に代表的なものを挙げる.

表 4.1　RASModel の種類

| | |
|---|---|
| kEpsilon | 標準 $k$-$\varepsilon$ モデル |
| RNGkEpsilon | RNG $k$-$\varepsilon$ モデル |
| realizableKE | Realizable $k$-$\varepsilon$ モデル |
| kOmega | 標準 $k$-$\omega$ モデル |
| kOmegaSST | SST $k$-$\omega$ モデル |
| LRR | Launder–Reece–Rodi レイノルズ応力輸送モデル |

　非圧縮性流体ソルバーと圧縮性流体ソルバーでは, 選択できるモデルが異なる. 表に挙げたものはどちらでも選択可能なものである. それぞれ必要とするフィールドファイルや境界条件が異なり, それに合わせてスキームやソルバーの設定をする必要がある. $k$-$\varepsilon$ モデルは k (乱流エネルギー) と epsilon (乱流散逸率), $k$-$\omega$ モデルは k と omega (乱流比散逸率), レイノルズ応力輸送モデルは epsilon と R (レイノルズ応力) を必要とする.
　LES モデルを選択した場合は, 辞書の LES で設定を行う.

constant/turbulenceProperties

```
FoamFile
{
    version     2.0;
    format      ascii;
    class       dictionary;
    location    "constant";
    object      turbulenceProperties;
```

```
}

simulationType  LES;

LES
{
    LESModel        WALE;
    turbulence      on;
    printCoeffs     on;
    delta           cubeRootVol;
    cubeRootVolCoeffs
    {
        deltaCoeff      1;
    }
    vanDriestCoeffs
    {
        delta           cubeRootVol;
        cubeRootVolCoeffs
        {
            deltaCoeff      1;
        }
    }
    SmagorinskyCoeffs
    {
        Ck              0.094;
        Ce              1.048;
    }
    kEqnCoeffs
    {
        Ck              0.094;
        Ce              1.048;
    }
    dynamicKEqnCoeffs
    {
        filter          simple;
    }
}
```

LESModel で LES モデルの種類を指定する．表 4.2 に代表的なものを挙げる．
delta でフィルター幅の種類を指定する．フィルター幅をセル体積の 1/3 乗 とす

表 4.2　LESModel の種類

| Smagorinsky | Smagorinsky モデル |
|---|---|
| kEqn | 1 方程式モデル |
| dynamicKEqn | ダイナミック 1 方程式モデル (Kim-Menon) |
| WALE | WALE (Wall-adapting local eddy-viscosity) モデル |

る "cubeRootVol" のほかに，van Driest 型減衰関数を使用する "vanDriest" など
を指定できる．

LES モデルは，通常は 3 次元非定常解析で用いられるが，2 次元問題や定常解析で
も選択できるので，注意が必要である．

### 4.4.2 乱流モデルの選択

ある問題に対してどの乱流モデルを採用すべきかは問題によるため，一概には言え
ない．目安として，各モデルについて次のような傾向がある．

- RAS モデルはレイノルズ平均をベースにしている関係で，詳細な非定常現象の
  再現には向かない．
- 標準 $k$-$\varepsilon$ モデルは単純で計算しやすいため，おおまかな流れのパターンを見るよ
  うな用途に向いている．
- $k$-$\varepsilon$ 系統のモデル (渦粘性モデル) は乱れの等方性を仮定しているため，曲がり
  や旋回，はく離などの流れには向かない．RNG $k$-$\varepsilon$ モデル，Realizable $k$-$\varepsilon$ モ
  デル，標準 $k$-$\omega$ モデル，SST $k$-$\omega$ モデルなどは，標準 $k$-$\varepsilon$ モデルのもつ欠点の
  改善を試みたモデルであり，標準 $k$-$\varepsilon$ よりはいくらか改善された結果を出すこと
  がある．
- レイノルズ応力輸送モデルは乱れの非等方性を考慮できるため，$k$-$\varepsilon$ 系統のモデル
  よりは旋回流などの傾向をとらえられる．ただし，方程式の数が増えるため，
  単純に方程式の数で考えると，計算時間が $k$-$\varepsilon$ 系統の 3 倍以上になる．
- レイノルズ応力輸送モデルよりも精度が必要な場合は，LES モデル を検討する
  ことになるが，さらに計算時間がかかるため，計算資源と時間を確保できる場合
  に限られる．ただし，下手にレイノルズ応力輸送モデルで頑張るよりも，いっそ
  LES モデルを使ったほうが結局は早い場合もある．

自分が解きたい問題と似たような問題に取り組んでいる文献を見つけ，どのような
乱流モデルを使っているか参考にするとよい．ただし，「このモデルは一般的にこうい
う問題に向いている」という理由だけでモデルを用いると，見当違いな結果になって
いることがままあるため，計算結果は慎重に評価すること．

## 4.5 境界条件の設定

### 4.5.1 境界タイプの設定 ☞ 5.2 節 (p.138)

OpenFOAM のメッシュファイル群 (constant/polyMesh) には boundary ファ
イルという境界情報を含むファイルがある．これは以下のような内容になっている．

constant/polyMesh/boundary

```
5
(
    inlet
    {
        type            patch;
        nFaces          30;
        startFace       24170;
    }
    outlet
    {
        type            patch;
        nFaces          57;
        startFace       24200;
    }
    upperWall
    {
        type            wall;
        inGroups        1(wall);
        nFaces          223;
        startFace       24257;
    }
    lowerWall
    {
        type            wall;
        inGroups        1(wall);
        nFaces          250;
        startFace       24480;
    }
    frontAndBack
    {
        type            empty;
        inGroups        1(empty);
        nFaces          24450;
        startFace       24730;
    }
)
```

　この情報は，ふつうはメッシュ作成ソフトあるいはメッシュ変換ユーティリティが書き出すが，境界条件に合わせて境界タイプを設定する必要がある．境界タイプには表 4.3 のようなものがある．

　パッチ (patch) は，入口や出口で使用されるタイプである．cyclic，cyclicAMI については "neighbourPatch" で対応する境界を指定する．2 次元問題の場合は，計算しない方向の両面に empty を指定する．2 次元軸対称問題については，実際の 3 次元モデルの 5° 以下の楔形のモデルをつくり，計算しない両面を wedge に設定する.

**表 4.3** 境界タイプ

| | |
|---|---|
| patch | パッチ |
| wall | 壁 |
| symmetryPlane | 対称面 |
| cyclic | 周期境界 |
| cyclicAMI | 不整合周期境界 |
| wedge | 2 次元軸対称 |
| empty | 2 次元 |

**表 4.4** ソルバーが必要とするフィールドファイル

| | |
|---|---|
| simpleFoam | U, p, k, epsilon, nut |
| buoyantBoussinesqSimpleFoam | U, p, p_rgh, T, k, epsilon, nut, alphat |
| buoyantSimpleFoam | U, p, p_rgh, T, k, epsilon, nut, alphat |

### 4.5.2 境界条件の設定 ☞ 5.2 節 (p.138)，5.7.9 項 (p.168)

境界条件の設定は 0 ディレクトリ内の各フィールドファイルで行う．必要なフィールドファイルはソルバーごとに異なる．乱流モデルに $k$-$\varepsilon$ モデルを用いる場合，simpleFoam，buoyantBoussinesqSimpleFoam，buoyantSimpleFoam で必要になるフィールドファイルはそれぞれ表 4.4 のようになる．

ただし，圧力の単位に注意する．simpleFoam と buoyantBoussinesqSimpleFoam の圧力は密度で割ったものであるが，buoyantSimpleFoam の圧力は本来の圧力である．

**基本設定**

U について，フィールドファイルの基本設定を示す．

U

```
FoamFile
{
    version    2.0;
    format     ascii;
    class      volVectorField;
    object     U;
}

dimensions     [0 1 -1 0 0 0 0];

internalField  uniform (0 0 0);

boundaryField
{
    inlet
    {
        type           fixedValue;
        value          uniform (1 0 0);
```

```
    }

    outlet
    {
        type            zeroGradient;
    }

    Wall
    {
        type            fixedValue;
        value           uniform (0 0 0);
    }
}
```

■**ヘッダー**　ヘッダーは基本的には「おまじない」と思えばよい.

```
FoamFile
{
    version    2.0;
    format     ascii;
    class      volVectorField;
    object     U;
}
```

　フィールドデータの場合, class には以下のようなフィールドのクラスを書くようになっている.

- volScalarField：スカラー場 (圧力や温度など)
- volVectorField：ベクトル場 (速度など)
- volSymmTensorField：対称テンソル場 (レイノルズ応力など)

■dimensions　dimensions で単位を設定する. 単位は次の形式で設定する.

```
[kg m s K mol A Cd]
```

　"[0 1 -1 0 0 0 0]" は m/s を表している.

■internalField　フィールド内部の値を設定する. 0 ディレクトリの場合, 初期値を設定する.

■boundaryField　境界条件を設定する. 境界条件は次のような形式で設定する.

```
    inlet
    {
```

```
    type            fixedValue;
    value           uniform (10 0 0);
}
```

　メッシュの boundary に記述された境界名に対して，境界条件のタイプと設定を設定する．基本的な境界条件タイプを表 4.5 に挙げる．たとえば上の例では，"inlet" という境界にベクトル (10,0,0) という一定の値を指定している．

表 4.5　基本的な境界条件タイプ

| | |
|---|---|
| fixedValue | 値の固定 |
| zeroGradient | 勾配を 0 に固定 (値の指定は必要ない) |

　境界名には，二重引用符で囲んで "..." のような書き方をすると，正規表現を使うことができる．"inlet.*" と書くと inlet-1 や inlet-2 などに当てはまり，"(inlet-1|inlet-2)" と書くと inlet-1 か inlet-2 に当てはまる．".*" と書くと任意の境界に当てはまる．正確なキーワードによる指定と正規表現が両方ある場合，正確なキーワードのほうが優先されるため，".*" で基本的な設定をしておき，それ以外は個別に設定するような書き方ができる．たとえば，次のような内容のファイルをテンプレートして用意してもよい．

```
FoamFile
{
    version     2.0;
    format      ascii;
    class       volVectorField;
    object      U;
}

dimensions      [0 1 -1 0 0 0 0];

internalField   uniform (0 0 0);

boundaryField
{
    #includeEtc "caseDicts/setConstraintTypes"

    ".*"
    {
        type            fixedValue;
        value           uniform (0 0 0);
    }
}
```

#includeEtc 文では，`symmetryPlane` や `empty` などの拘束型 (constraint) の境界条件の設定を読み込み，これらの設定を記述しなくてもよいようにしている．

## 代表的なフィールドの基本設定

代表的なフィールドの基本設定を表 4.6～4.9 に示す．"初期値" は `internalField` で指定する値の例を示している．"基本設定" は壁条件の設定例であり，`type` で指定するタイプと，`value` で指定する値を表しており，追加のパラメタがあればそれを示

表 4.6 非圧縮性流体共通

| フィールド | タイプ | 単位 | 初期値 | 基本設定 (壁の設定) |
|---|---|---|---|---|
| U | volVectorField | [0 1 -1 0 0 0 0] (m/s) | (0 0 0) | fixedValue, (0 0 0) |
| p | volScalarField | [0 2 -2 0 0 0 0] ($m^2/s^2$) | 0 | zeroGradient |
| T | volScalarField | [0 0 0 1 0 0 0] (K) | 300 | zeroGradient |
| k | volScalarField | [0 2 -2 0 0 0 0] ($m^2/s^2$) | 1 | kqRWallFunction, $internalField |
| epsilon | volScalarField | [0 2 -3 0 0 0 0] ($m^2/s^3$) | 1 | epsilonWallFunction, $internalField |
| omega | volScalarField | [0 0 -1 0 0 0 0] (1/s) | 1 | omegaWallFunction, $internalField |
| R | volSymmTensorField | [0 2 -2 0 0 0 0] ($m^2/s^2$) | (1 0 0 1 0 1) | kqRWallFunction, $internalField |
| nut | volScalarField | [0 2 -1 0 0 0 0] ($m^2/s$) | 0 | nutkWallFunction, $internalField |

表 4.7 圧縮性流体共通

| フィールド | タイプ | 単位 | 初期値 | 基本設定 (壁の設定) |
|---|---|---|---|---|
| U | volVectorField | [0 1 -1 0 0 0 0] (m/s) | (0 0 0) | fixedValue, (0 0 0) |
| p | volScalarField | [1 -1 -2 0 0 0 0] (kg/m-$s^2$) | 101325 | zeroGradient |
| T | volScalarField | [0 0 0 1 0 0 0] (K) | 300 | zeroGradient |
| k | volScalarField | [0 2 -2 0 0 0 0] ($m^2/s^2$) | 1 | kqRWallFunction, $internalField |
| epsilon | volScalarField | [0 2 -3 0 0 0 0] ($m^2/s^3$) | 1 | epsilonWallFunction, $internalField |
| omega | volScalarField | [0 0 -1 0 0 0 0] (1/s) | 1 | omegaWallFunction, $internalField |
| R | volSymmTensorField | [0 2 -2 0 0 0 0] ($m^2/s^2$) | (100101) | kqRWallFunction, $internalField |
| nut | volScalarField | [1 -1 -1 0 0 0 0] (kg/m-s) | 0 | nutkWallFunction, $internalField |
| alphat | volScalarField | [1 -1 -1 0 0 0 0] (kg/m-s) | 0 | zeroGradient |

**表 4.8**　buoyantBoussinesqSimpleFoam

| フィールド | タイプ | 単位 | 初期値 | 基本設定 (壁の設定) |
|---|---|---|---|---|
| p | volScalarField | [0 2 -2 0 0 0 0] $(\mathrm{m^2/s^2})$ | 0 | calculated, $internalField |
| p_rgh | volScalarField | [0 2 -2 0 0 0 0] $(\mathrm{m^2/s^2})$ | 0 | fixedFluxPressure, $internalField rho rhok |
| alphat | volScalarField | [0 2 -1 0 0 0 0] $(\mathrm{m^2/s})$ | 0 | alphatJayatillekeWallFunction, $internalField Prt 0.85 |

**表 4.9**　buoyantSimpleFoam

| フィールド | タイプ | 単位 | 初期値 | 基本設定 (壁の設定) |
|---|---|---|---|---|
| p | volScalarField | [1 -1 -2 0 0 0 0] $(\mathrm{kg/m\text{-}s^2})$ | 101325 | calculated, $internalField |
| p_rgh | volScalarField | [1 -1 -2 0 0 0 0] $(\mathrm{kg/m\text{-}s^2})$ | 101325 | fixedFluxPressure, $internalField |
| alphat | volScalarField | [1 -1 -1 0 0 0 0] $(\mathrm{kg/m\text{-}s})$ | 0 | compressible::alphatJayatilleke-WallFunction, $internalField Prt 0.85 |

している. 具体例については 4.14 節を参照のこと.

　ここで, R (レイノルズ応力) の volSymmTensorField は対称テンソル場で, 対称テンソルは 6 成分からなり, 各成分を (xx xy xz yy yz zz) の順番で指定する.

### 0 ディレクトリのバックアップ

　0 ディレクトリの中身は, renumberMesh (3.6 節) などの標準ユーティリティや potentialFoam (2.1.1 項, 4.10.1 項) などの標準ソルバーにより書き換えられてしまうことがあるため, 基本的な設定をした後に, "0.org" などといった名前でオリジナルをコピーしておくとよい.

```
$ cp -r 0 0.org
```

### 4.5.3　流入・流出条件　☞ 5.2.2 項 (p.138), 5.2.3 項 (p.138)

　流入・流出条件は, 表 4.10, 4.11 のようになる.

**表 4.10**　流入条件

| フィールド | 設定 |
|---|---|
| U | fixedValue, (Ux, Uy, Uz) |
| p/p_rgh | zeroGradient |
| その他のスカラー値 | fixedValue, 値指定 |

**表 4.11**　流出条件

| フィールド | 設定 |
|---|---|
| U | zeroGradient |
| p/p_rgh | fixedValue, 値指定 (0 か 101325) |
| その他のスカラー値 | zeroGradient |

### 4.5.4 流速の条件

流入速度を指定するためには，`fixedValue` では不便な場合がある．以下に `fixedValue` 以外の流入境界条件を挙げる．

#### 面の法線方向の流速の指定

面の法線方向の流速の指定には，`surfaceNormalFixedValue` を用いる．

```
                              U
  inlet
  {
     type               surfaceNormalFixedValue;
     refValue           uniform 10; // [m/s]
  }
```

`refValue` で面の法線方向の流速の大きさを指定する．

メッシュによっては面の方向が領域の内側ではなく外側に向いている場合があり，注意が必要である．

#### 体積流量の指定

体積流量を指定するには，`flowRateInletVelocity` を用いる．

```
                              U
  inlet
  {
     type               flowRateInletVelocity;
     volumetricFlowRate  2.5e-4; // [m3/s]
     value              uniform (0 0 0);
  }
```

`volumetricFlowRate` で体積流量を指定する．

#### 質量流量の指定

質量流量の指定には，`flowRateInletVelocity` を用いる．

```
                              U
  inlet
  {
     type               flowRateInletVelocity;
     massFlowRate       2.5e-4; // [kg/s]
     rhoInlet           1; // [kg/m3]
     value              uniform (0 0 0);
```

massFlowRate で質量流量を指定する.

非圧縮性流体ソルバーの場合, rhoInlet で流入する流体の密度を指定する. 圧縮性流体ソルバーの場合は, rho の値が用いられる.

### 乱流流入条件

乱流流入条件の設定として, turbulentInlet がある.

U

```
inlet
{
    type             turbulentInlet;
    referenceField   uniform (10 0 0);   // 流速 [m/s]
    fluctuationScale (0.02 0.01 0.01);   // 変動スケール
}
```

変動を含んだ流入条件を設定する.

### 4.5.5 乱流諸量の条件    ☞ 5.7.6 項 (p.165), 5.7.8 項 (p.166)

入口の $k$ や $\varepsilon$, $\omega$ などにどのような値を指定すべきかは, 一般にははっきりしない. 実験値が得られない場合, 適当に見積もる必要がある. $k$, $\varepsilon$, $\omega$ はそれぞれ次式で表される.

$$k = \frac{3}{2}(UI)^2$$
$$\varepsilon = \frac{C_\mu^{3/4} k^{3/2}}{\ell_m} \tag{4.7}$$
$$\omega = \frac{\varepsilon}{C_\mu k} = \frac{k^{1/2}}{C_\mu^{1/4} \ell_m}$$

$U$ は代表速度, $I$ は乱流強度 (turbulent intensity), $\ell_m$ は混合長 (mixing length) である. $C_\mu$ はモデル定数で, ふつう 0.09 が使われる. 乱流強度は, 十分に発達した流れでは数%の値をとる. 混合長は, ダクト内の十分発達した流れでは次式で近似できる.

$$\ell_m = 0.07L \tag{4.8}$$

$L$ は代表長さで, 円形のダクトであれば直径, そうでなければ水力直径 (4 × 断面積/断面周長) とする.

レイノルズ応力 $R$ については, 対角成分に $(3/2)k$ を入れておけばよい (R は対称テンソルなので, 成分はたとえば "(1 0 0 1 0 1)" などと表され, 対角成分はこれ

の 1 の部分にあたる).

　$k$ や $\varepsilon$ などを直接指定するのではなく,乱流強度や混合長で指定するための特別な境界条件がある.

### k

　乱流強度から入口の $k$ を計算させるには,turbulentIntensityKineticEnergy-Inlet を用いる.

k

```
inlet
{
    type            turbulentIntensityKineticEnergyInlet;
    intensity       0.05;  // 5%
    value           uniform 1;
}
```

　intensity に乱流強度を設定する.乱流強度が 5% ならば 0.05 を指定する.

### epsilon

　混合長から入口の $\varepsilon$ を計算させるには,turbulentMixingLengthDissipationRate-Inlet を用いる.

epsilon

```
inlet
{
    type            turbulentMixingLengthDissipationRateInlet;
    mixingLength    0.005;  // [m]
    value           uniform 1;
}
```

　mixingLength に混合長を設定する.

### omega

　混合長から入口の $\omega$ を計算させるには,turbulentMixingLengthFrequencyInlet を用いる.

omega

```
inlet
{
    type            turbulentMixingLengthFrequencyInlet;
    mixingLength    0.005;  // [m]
    value           uniform 1;
}
```

`mixingLength` に混合長を設定する.

### 4.5.6 壁面速度の設定 ☞ 5.2.4 項 (p.139)

壁面速度の設定は `fixedValue` でそのまま指定すればよい. いくつか特殊な設定について以下で述べる.

#### スリップ

壁面をスリップ条件にしたい場合は, 速度 U で `slip` を指定する.

U

```
Wall
{
    type            slip;
}
```

それ以外のスカラーの変数については, `slip` もしくは, `zeroGradient` を指定する.

#### 回転速度の設定

円筒の壁が回転するような場合は, `rotatingWallVelocity` により回転速度を設定する.

U

```
Wall
{
    type            rotatingWallVelocity;
    origin          (0 0 0);      // 回転軸の位置
    axis            (0 0 1);      // 回転軸ベクトル
    omega           10;           // 角速度 [rad/s]
}
```

速度 $v$ を指定したい場合, 円筒半径を $r$ とすると, $\omega = v/r$ を指定すればよい.

### 4.5.7 熱の境界条件の設定 ☞ 5.2.4 項 (p.139)

熱の境界条件としては, 断熱指定である `zeroGradient`, 温度指定である `fixedValue` 以外に以下のようなものがある.

#### 熱流束の設定

壁面に熱流束を設定するには, `externalWallHeatFluxTemperature` を用いる.

T

```
    Wall
    {
        type            externalWallHeatFluxTemperature;
        mode            flux;
        kappaMethod     fluidThermo;
        q               uniform 100; // 熱流束 [W/m2]
        value           uniform 300; // 初期温度
    }
```

mode で "power" を指定すれば，熱流束の代わりに熱量を指定できる．

T

```
    Wall
    {
        type            externalWallHeatFluxTemperature;
        mode            power;
        kappaMethod     fluidThermo;
        Q               100; // 熱量 [W]
        value           uniform 300;
    }
```

externalWallHeatFluxTemperature は buoyantBoussinesqSimpleFoam などでは利用できない．

### 壁面熱伝達の設定

　壁面熱伝達を設定するには，externalWallHeatFluxTemperature の mode で "coefficient" を指定する．

T

```
    Wall
    {
        type            externalWallHeatFluxTemperature;
        mode            coefficient;
        kappaMethod     fluidThermo;
        Ta              uniform 500; // 外部温度 [K]
        h               uniform 10;  // 熱伝達係数 [W/m2-K]
        value           uniform 300;
    }
```

外部の輻射の影響を考慮したい場合は，emissivity で放射率を指定する．

```
        emissivity      0.8; // 放射率
```

### 4.5.8　式による境界条件の設定

OpenCFD 社版では，exprFixedValue を用いて式による境界条件を表現できる．

U

```
inlet
{
    type              exprFixedValue;
    valueExpr         "-10*face()/area()";
    value             uniform (0 0 0);
}
```

valueExpr で式を記述する．上の例では，面の法線方向に大きさ 10 の速度ベクトルを設定している．face() は境界面の面積ベクトル，area() はその面積である．face()/area() で面の単位法線ベクトルを計算している．マイナスが付いているのは，OpenFOAM の境界面の面積ベクトルは領域の外側を向いているため，流入にするには方向を逆にする必要があるからである．

U

```
inlet
{
    type              exprFixedValue;
    h                 0.0254;
    valueExpr         "-10*sin(pi()*pos().y()/$h)*face()/area()";
    value             uniform (0 0 0);
}
```

上の例のように，流速分布を与えることもできる．ここで h はユーザー定義の高さのキーワードで，式の中では "$h" として参照されている．sin() はサイン関数，pi() は円周率，pos().y() は面の中心の $y$ 座標である．

非定常解析で流速の時間変動を与えることもできる．

U

```
inlet
{
    type              exprFixedValue;
    T                 100;
    valueExpr         "-10*sin(2*pi()*time()/$T)*face()/area()";
    value             uniform (0 0 0);
}
```

ここで，T はユーザー定義の周期のキーワードで，式中で参照されている．time() は時刻である．

式についてのより詳しい情報については，公式ドキュメント[4] の Extended Code Guide の "Expressions syntax" にある．

## 4.6 離散化スキームの設定 ☞ 5.3 節 (p.140)，5.6 節 (p.146)

### 4.6.1 離散化スキームの設定

有限体積法による離散化に必要な離散化スキームの設定は system/fvSchemes で行う．

system/fvSchemes

```
FoamFile
{
    version     2.0;
    format      ascii;
    class       dictionary;
    location    "system";
    object      fvSchemes;
}

ddtSchemes
{
    default         steadyState;
}

gradSchemes
{
    default         Gauss linear;
}

divSchemes
{
    default         none;
    div(phi,U)      bounded Gauss upwind;
    div(phi,k)      bounded Gauss upwind;
    div(phi,epsilon) bounded Gauss upwind;
    div(phi,omega)  bounded Gauss upwind;
    div(phi,R)      bounded Gauss upwind;
    div(R)          Gauss linear;
    div((nuEff*dev2(T(grad(U))))) Gauss linear;
}

laplacianSchemes
{
    default         none;
    laplacian(nuEff,U) Gauss linear corrected;
    laplacian((1|A(U)),p) Gauss linear corrected;
```

```
    laplacian(DkEff,k) Gauss linear corrected;
    laplacian(DepsilonEff,epsilon) Gauss linear corrected;
    laplacian(DomegaEff,omega) Gauss linear corrected;
    laplacian(DREff,R) Gauss linear corrected;
    laplacian(1,p)  Gauss linear corrected;
}

interpolationSchemes
{
    default            linear;
}

snGradSchemes
{
    default            corrected;
}
```

　設定方法は，各微分演算子などの項目 (ddtSchemes など) に対して，それに関する方程式の項について離散化スキームを指定するものになっている．したがって，ある程度はソルバーが解いている方程式の中身を理解している必要がある．"default" については，個別に指定がなければこの設定を使うというものである．

**ddtSchemes**

　時間微分の離散化スキームを指定する．simpleFoam などの定常解析ソルバーの場合は常に "steadyState" を指定する．pimpleFoam などの非定常解析ソルバーの場合は，表 4.12 のようなものを指定できる．

表 4.12　ddtSchemes

| | |
|---|---|
| Euler | Euler 法 (1 次精度) |
| backward | 後退差分 (2 次精度) |
| CrankNicolson | Crank – Nicolson 法 (2 次精度) |
| CoEuler | 時間刻み幅をクーラン数に応じて局所的に変える |
| SLTS | 時間刻み幅を方程式の安定性に応じて局所的に変える |

　CrankNicolson についてはパラメタが必要で，次のように設定する．

```
    default            CrankNicolson 1;
```

数値は 0〜1 の調整パラメタで，1 ならば純粋な Crank–Nicolson 法，0 ならば Euler 法になる．

　CoEuler は，時間刻み幅をクーラン数に応じて局所的に変えるもので，非定常解析ソルバーで定常解析 (擬似非定常解析) を行うときに使用する．次のように設定する．

```
    default          CoEuler phi rho 0.5;
```

rho は密度で，ソルバーに対応したものを指定する．最後の数値はクーラン数である．

SLTS は，時間刻み幅を方程式の安定性を保つように局所的に変えるもので，CoEuler 同様，非定常解析ソルバーで定常解析 (擬似非定常解析) を行うときに使用する．次のように設定する．

```
    default          SLTS phi rho 0.5;
```

最後の数値は緩和係数である．

通常の非定常解析の場合，時間微分項のスキームは基本的には Euler を使えばよいが，数値拡散を避けたい場合 (特に対流項の離散化スキームに高次精度スキームを使用する場合など) は backward や CrankNicolson を使う．

## gradSchemes

勾配の離散化スキームを指定する．ここで指定するものはセルの界面の補間スキームであり，通常は "Gauss linear" でよい．

勾配計算には制限をかけることができる．次のように設定する．

```
    default          cellLimited Gauss linear 1;
```

最後の数値は制限の強さを指定する 0〜1 の値で，1 が制限，0 が制限なしである．

勾配制限には次のものが指定できる．

- faceLimited
- faceMDLimited
- cellLimited
- cellMDLimited

上のリストは数値拡散が強い順番に並んでいる．数値拡散が強いほうが計算は安定するが，精度は落ちる．なるべく cellLimited などの数値拡散が小さいものを使用したほうがよい．

faceLimited と cellLimited の違いは，勾配制限関数を計算するときの注目セルと隣接セルの値の大小を比較する手順の違いである．faceLimited はフェイスごとに隣接セルと値を比較するのに対し，cellLimited は一度にすべての隣接セルと値を比較する．"MD" が付いたものは多次元版である．

勾配制限は divSchemes で limitedUpwind を使う場合に，数値的な振動を抑えるために重要になる．

## divSchemes~~divSchemesdivSchemes~~

発散の離散化スキームを指定する．これらは計算上特に重要な設定である．項の中で "div(phi,...)" の形で書かれたものは対流項であり，スキームを慎重に選ぶ必要がある．表 4.13 のようなものを指定できる．

表 4.13　divSchemes

| | |
|---|---|
| linear | 線形補間 (中心差分，2 次精度) |
| upwind | 1 次精度風上差分 |
| linearUpwind | 線形風上差分 (2 次精度風上差分) |
| QUICK | QUICK スキーム (2 次精度) |
| Minmod | minmod 制限関数 (2 次精度 TVD) |
| SuperBee | superbee 制限関数 (2 次精度 TVD) |
| vanLeer | van Leer 制限関数 (2 次精度 TVD) |
| vanAlbada | van Albada 制限関数 (2 次精度 TVD) |
| UMIST | UMIST 制限関数 (2 次精度 TVD) |
| MUSCL | Monotonized central-difference 制限関数 (2 次精度 TVD) |
| limitedLinear | 線形補間に TVD 制限をつけたもの |

linearUpwind については，次のように設定する．

```
div(phi,k)        Gauss linearUpwind grad(k);
```

最後で勾配 (実際は勾配のスキーム) を指定している．このスキームは多少値の振動が起こるので，それを避けたい場合は勾配制限を使う．スキームで指定する分以外の勾配には制限をかけたくない場合は，次のようにできる．

```
gradSchemes
{
    default        Gauss linear;
    limitedGrad(k) cellLimited Gauss linear 1;
}

divSchemes
{
    default        Gauss linear;
    div(phi,k)     Gauss linearUpwind limitedGrad(k);
}
```

limitedLinear については，次のように設定する．

```
div(phi,k)        Gauss limitedLinear 1;
```

最後の数値は 0～1 で安定性を調整するもので，1 が安定である．

ベクトル用のスキームが別途用意されているものがあり，それは最後に "V" の文字が付く．たとえば，limitedLinear のベクトル版は limitedLinearV である．

　それぞれのスキームの違いは主に数値拡散の大きさであり，数値拡散が小さいほうが計算精度はよいが，一方で安定性が減少して計算できなくなる可能性があり，これといって決め手はない．とにかく安定して計算したい場合は upwind を使う．高次精度のスキームでは計算が発散しやすいが，upwind の計算から移行すると計算しやすくなる場合がある．

　スカラーの変数で，値が物理的にある範囲を超えようがない場合に，高次精度のスキームだと数値的な振動によりその範囲を超えてしまい，問題になることがある．その場合は，TVD スキームなど振動を起こさないスキームを使用したほうがよい．たとえば，U に対しては linearUpwindV を使い，k や epsilon などには limitedLinear などを使うとよいだろう．

　計算安定化処理を使用するために，"bounded" という指定ができる．

```
div(phi,U)        bounded Gauss upwind;
```

これは収束性を改善するもので，定常解析ソルバーでは基本的に有効にしておくべきである．

　OpenCFD 社版では，緩和修正法 (deferred correction) を使用することができる．

```
div(phi,U)        bounded Gauss deferredCorrection linear;
```

これは，高次精度スキームを 1 次精度風上差分とそれ以外に分解し，後者を陽的に扱うことで計算を安定させる．

### laplacianSchemes

　ラプラシアンの離散化スキームを指定する．"laplacian(nuEff,U)" や "laplacian(DkEff,k)" などは拡散項，"laplacian((1|A(U)),p)" などは圧力方程式の設定である．

```
laplacian(nuEff,U) Gauss linear corrected;
```

"Gauss linear" は gradSchemes で設定したものと同じセルの界面の補間スキームで，上の例では nuEff の補間に用いられる．通常は linear を設定すればよい．

　ラプラシアンの計算にはセルの界面の法線方向の勾配 (surface-normal gradient: snGrad) が用いられる．セル中心間と界面が直交していると想定して計算するのが単純だが，一般的には非直交になるので，セル中心間勾配の界面方向へのマッピングが行われる．それでもメッシュのゆがみが大きいときには正確ではないので，さらに補正

が行われる．OpenFOAM ではこれを非直交補正 (non-orthogonal correction) とよんでいる．非直交補正の項は陽的に扱われ，非直交補正ループにより処理される．ただし，メッシュのゆがみが大きすぎる場合，この補正が計算の安定性を損なわせるため，補正には制限をかけられるようになっている．snGrad スキームは，上の設定例の "corrected" の部分で設定する．表 4.14 のものが指定できる．

表 4.14　snGrad スキーム

| | |
|---|---|
| orthogonal | 直交前提 |
| uncorrected | 非直交性考慮，非直交補正なし |
| corrected | 非直交性考慮，非直交補正あり |
| limited 0〜1 | 非直交補正の制限 (0 で uncorrected，1 で corrected と同じ) |

　snGrad スキームの選択は，直交メッシュでない限りは，checkMesh で得られる非直交性 (non-orthogonality) で判断する．非直交性が 5 以下 (誤差が約 5% 以下) であれば uncorrected でよい．5〜60 では corrected にする．60 以上だと補正が大きくなってくるので，たとえば limited 0.5 (補正を法線方向勾配の大きさ以下に制限) や limited 0.333 (補正を法線方向勾配の半分以下に制限) などを使うとよい．非直交補正が 80 以上の場合は，計算が難しくなってくるので，素直にメッシュをつくり直したほうがよい．

　snGrad スキームには，上記以外に faceCorrected というものもある．上記のものは界面を挟んで隣接するセル中心の値から界面の法線方向の勾配を計算しようとするが，faceCorrected は値を節点に補間したうえで界面の辺中心の値を計算し，それらにより界面の勾配を積分で求め，それを用いて界面の法線方向の勾配を計算する．

### interpolationSchemes

　gradSchemes で設定したものと同じセルの界面の補間スキームである．基本的には linear でよい．

### snGradSchemes

　laplacianSchemes で設定した snGrad スキームの設定と同じである．laplacian-Schemes と合わせておけばよい．

### 4.6.2　各種スキームの比較

　離散化スキームの設定の中で，重要かつもっとも選択に悩むのが，対流項のスキームである．ここでは，対流項スキームの選択の指針を得るために，各種スキームによる計算結果を比較してみよう．

　各種スキームの挙動の違いを見るために，1 次元スカラー輸送問題で比較する．初期値を 0 とし，左端のスカラー値を 1 に設定，左から右に向かって流れをつくる．範囲は $0 \leq x \leq 1$ で，スカラーの前面が領域の中央 ($x = 0.5$) にくる時刻におけるスカラーの分布形状を比較する．

　1 次精度風上差分 (UD)，中心差分 (CD)，2 次精度風上差分 (LUD)，勾配制限付き 2 次精度風上差分 (LUD with limiter)，QUICK の比較を図 4.1 に，その表示範囲を絞ったものを図 4.2 に示す．

　まず，中心差分の結果が激しく振動しているのが目につく．一方で，1 次精度風上差分の結果がかなりなまっているのがわかる．QUICK の解の勾配がもっとも急であり数値拡散が小さいと見えるが，上部が飛び出してしまっている (オーバーシュート)．2 次精度風上差分は 1 次精度風上差分よりはずっと数値拡散の小さな結果になってい

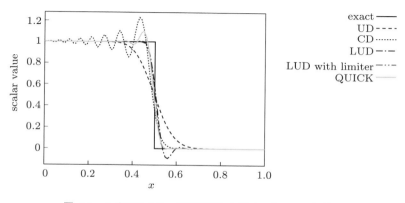

図 **4.1** 1 次元スカラー輸送問題におけるスキームの比較 1

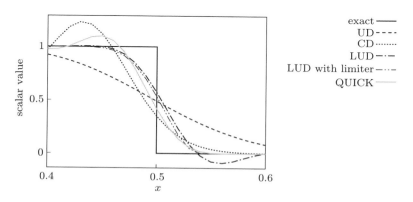

図 **4.2** 1 次元スカラー輸送問題におけるスキームの比較 2

るが，下部が飛び出してしまっている (アンダーシュート)．しかし，勾配制限を用いたほうについてはアンダーシュートが抑えられている．

　次に，各種 2 次精度 TVD スキームおよび勾配制限付き 2 次精度風上差分の比較を図 4.3 に示す．すべてのスキームの結果が minmod と superbee の間に収まっている．minmod と superbee 以外のスキームの挙動には大差なく，どれを選択するかは好みの問題となる．また，勾配制限付き 2 次精度風上差分の性能は 2 次精度 TVD スキームと同等であることがわかる．

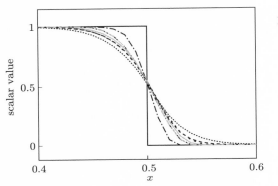

**図 4.3**　1 次元スカラー輸送問題におけるスキームの比較 3

　さて，以上の結果から，どのスキームを使うべきと言えるだろうか？　精度の面では数値拡散が小さいものを選ぶべきだが，数値拡散が小さいと計算の安定性が損なわれるため，計算を実行できない場合がある．一方，数値拡散が大きなものを選ぶと精度が損なわれるが，安定して計算できる可能性がある．つまり，解きたい問題の求める精度と計算の安定性に応じて適切なスキームを選ぶことになる．また，もう一つの観点に，解の有界性がある．温度や濃度の計算など，オーバーシュート・アンダーシュートが起こると物理的に問題が生じる場合は，勾配制限付き 2 次精度風上差分か TVDスキームを用いるべきである．その中からどれを選ぶべきかは，好みの問題である．

## 4.7　代数方程式ソルバーの設定
☞ 5.3 節 (p.140)，5.4.1 項 (p.142)，5.5.1 項 (p.144)，5.5.2 項 (p.146)

### 4.7.1　代数方程式ソルバーの設定
　偏微分方程式を有限体積法で離散化すると，代数方程式 (連立 1 次方程式) が得られる．代数方程式を解くためのソルバーの設定は，`system/fvSolution` で行う．

system/fvSolution

```
FoamFile
{
    version     2.0;
    format      ascii;
    class       dictionary;
    location    "system";
    object      fvSolution;
}

solvers
{
    p
    {
        solver          PCG;
        preconditioner  DIC;
        tolerance       1e-06;
        relTol          0.01;
    }

    U
    {
        solver          PBiCGStab;
        preconditioner  DILU;
        tolerance       1e-05;
        relTol          0.1;
    }

    "(k|epsilon|omega|R)"
    {
        solver          PBiCGStab;
        preconditioner  DILU;
        tolerance       1e-05;
        relTol          0.1;
    }
}
```

　代数方程式ソルバーの設定は，各変数に対して solver でソルバーの種類を選択し，それ以外はソルバーに応じた設定をしていく．許容値 tolerance と相対許容値 relTol はすべてのソルバーで共通であり，計算の打ち切り条件を指定する．残差が tolerance よりも小さくなるか，初期残差に対する比が relTol よりも小さくなったときに計算が止まる．relTol に 0 を設定すると，tolerance だけで判定される．上の例では，正規表現を用いて，p と U 以外の変数についてまとめて設定している．

　方程式の係数行列が対称か非対称かにより，使用できるソルバーの種類が異なる．

圧力 p (ポアソン方程式) は対称，それ以外 (対流項を含む輸送方程式) は非対称と考えておけばよい．それぞれに選択できるソルバーの種類がいくつかある．ソルバーだけで考えると説明が一般的になってしまうが，方程式系として考えると有効な組合せは限られてくるため，全体で考えよう．以下で言及する各ソルバーの計算速度についても，個々のソルバーの速度ではなく，解析全体の速度である．

代数方程式ソルバーの組合せのパターンとして，表 4.15 のものが考えられる．

表 4.15　代数方程式ソルバーの組合せパターン

| パターン | p | U/R | それ以外 |
|---|---|---|---|
| 1 | PCG | PBiCG | PBiCG |
| 2 | GAMG | smoothSolver | GAMG |
| 3 | PCG/GAMG | coupled | PBiCG/smoothSolver |

### PCG/PBiCG

これは最初に示した例である．p のソルバーとして PCG (前処理付き共役勾配法)，それ以外の変数に PBiCG (前処理付き双共役勾配法) あるいはその改良版である PBiCGStab (前処理付き双共役勾配安定化法) を使う．他のソルバーと比べると決して速いとはいえないが，比較的安定して解けるという特徴がある．

■PCG　preconditioner で前処理の方法を選択できる．以下のものを指定できる．

- DIC (対角ベース不完全 Cholesky 分解法)
- FDIC (DIC の高速版)
- GAMG (マルチグリッド法)
- diagonal (対角スケーリング)
- none (なし)

基本的には DIC でよい．

PCG の代わりに，パイプライン化された共役勾配法である PPCG や，パイプライン化された共役残差法 PPCR を選択できる．これらは，並列計算時に有利にはたらくことがある．

■PBiCG (PBiCGStab)　preconditioner で前処理の方法を選択できる．以下のものを指定できる．

- DILU (対角ベース不完全 LU 分解法)
- GAMG (マルチグリッド法)

- diagonal (対角スケーリング)
- none (なし)

基本的には DILU でよい.

### GAMG/smoothSolver

p のソルバーとして GAMG (geometric-algebraic multi-grid), それ以外に smooth-Solver を使う. GAMG はマルチグリッド法, smoothSolver は Gauss–Seidel 法などの解法である. PCG/PBiCG よりも高速に解ける場合がある.

```
p
{
    solver          GAMG;
    smoother        GaussSeidel;
    agglomerator    faceAreaPair;
    nCellsInCoarsestLevel 10;
    mergeLevels     1;
    cacheAgglomeration on;
    tolerance       1e-06;
    relTol          0.01;
}

U
{
    solver          smoothSolver;
    smoother        GaussSeidel;
    tolerance       1e-05;
    relTol          0.1;
}

"(k|epsilon|omega|R)"
{
    solver          smoothSolver;
    smoother        GaussSeidel;
    tolerance       1e-05;
    relTol          0.1;
}
```

■ GAMG smoother には以下のようなものが指定できる.

- GaussSeidel (Gauss–Seidel 法)
- DIC (対角ベース不完全 Cholesky 分解法)
- DICGaussSeidel (DIC と GaussSeidel の併用)

- FDIC (DIC の高速版)
- symGaussSeidel (対称 Gauss–Seidel 法)
- nonBlockingGaussSeidel (non-blocking Gauss–Seidel 法)

基本的には GaussSeidel でよい.

■ smoothSolver

- GaussSeidel (Gauss–Seidel 法)
- DILU (対角ベース不完全 LU 分解法)
- DILUGaussSeidel (DILU と GaussSeidel の併用)
- symGaussSeidel (対称 Gauss–Seidel 法)
- nonBlockingGaussSeidel (non-blocking Gauss–Seidel 法)

基本的には GaussSeidel でよい.

coupled

coupled はベクトルやテンソル用のソルバーで, 一般的に PBiCG や smoothSolver よりも計算が高速であり, 計算が安定化することもある.

```
U
{
    type            coupled;
    solver          PBiCCCG;
    preconditioner  DILU;
    tolerance       (1e-05 1e-05 1e-05);
    relTol          (0.1 0.1 0.1);
}

R
{
    type            coupled;
    solver          PBiCCCG;
    preconditioner  DILU;
    tolerance       (1e-05 1e-05 1e-05 1e-05 1e-05 1e-05);
    relTol          (0.1 0.1 0.1 0.1 0.1 0.1);
}
```

solver には以下のものが選べる.

- PBiCCCG
- PBiCICG

- SmoothSolver (1 文字目は大文字)

- diagonal

とりあえず PBiCCCG を指定すればよいだろう.

それぞれ preconditioner として，次のものを指定できる.

- DILU (対角ベース不完全 LU 分解法)

- diagonal (対角スケーリング)

- none (なし)

DILU を指定すればよいだろう.

### 4.7.2 PIMPLE 法の場合の設定

PIMPLE 法では，反復計算の途中の設定と最後の設定が分けてある. たとえば，p の反復計算最後の設定は "pFinal" となる.

```
p
{
    solver          PCG;
    preconditioner  DIC;
    tolerance       1e-06;
    relTol          0.01;
}

pFinal
{
    $p;
    tolerance       1e-06;
    relTol          0;
}

U
{
    solver          PBiCG;
    preconditioner  DILU;
    tolerance       1e-05;
    relTol          0.1;
}

UFinal
{
    $U;
    tolerance       1e-05;
    relTol          0;
```

```
}

"(k|epsilon|omega|R)"
{
    solver          PBiCG;
    preconditioner  DILU;
    tolerance       1e-05;
    relTol          0.1;
}

"(k|epsilon|omega|R)Final"
{
    $k;
    tolerance       1e-05;
    relTol          0;
}
```

上の例では，たとえば pFinal では，"$p" で p を取り込んで設定のベースとし，relTol の設定だけ上書きしている．ここでは，次の時間ステップに進む前にきっちり解いておくために，relTol を 0 にしている．

### 4.7.3　代数方程式ソルバーの種類の選択

代数方程式ソルバーの種類の選択方法としては，まずは計算できるものを選択することになるだろう．計算時間を特に気にしないのであれば，PCG/PBiCG を使えばよい．多少気にするのであれば，GAMG/smoothSolver から試してみて，計算できなかったら PCG/PBiCG に切り替える．どの設定が最適かは問題やメッシュの状態にもよるので，いろいろと試してみるとよい．

## 4.8　圧力-速度連成手法の設定

圧力-速度連成手法である SIMPLE 法，PISO 法，PIMPLE 法などの設定は，system/fvSolution で行う．

### 4.8.1　SIMPLE 法　　☞ 5.4.2 項 (p.143)

SIMPLE 法は，図 4.4 で示す手順で計算される．
SIMPLE 法の設定を以下に示す．

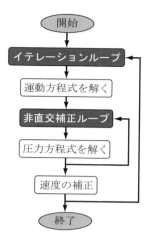

図 **4.4** SIMPLE 法

```
SIMPLE
{
    nNonOrthogonalCorrectors 0;
    consistent       yes;
    pRefPoint        (0 0 0);
    pRefValue        0;

    residualControl
    {
        p                   1e-3;
        U                   1e-3;
        "(k|epsilon|omega|R)" 1e-3;
    }
}

relaxationFactors
{
    equations
    {
        U               0.8;
        ".*"            0.8;
    }
}
```

"SIMPLE" において SIMPLE 法の各種設定を行う.

- nNonOrthogonalCorrectors : 非直交補正のループ回数. メッシュの non-orthogonality (非直交性) が 5 以上で, laplacianSchemes/snGradSchemes

において非直交補正を有効にしているのであれば，この値を 1 くらいにしておく．
non-orthogonality の数値については，checkMesh で調べることができる．

- consistent：値に "yes" を指定すると SIMPLEC 法が用いられる（SIMPLE
  法を用いる場合は "no" とする）．一般に，SIMPLEC 法は SIMPLE 法に比べて
  より大きな緩和係数を用いても安定に計算できるので，収束性がよい．

- pRefPoint, pRefValue：圧力指定境界がない場合に，領域内部のある点で圧力
  を固定するための参照位置とその圧力値の設定．参照位置については，pRefPoint
  の代わりにセルのインデックスを指定する pRefCell も使える（ふつうは 0 を
  指定する）．

- residualControl：収束判定のための許容値．すべての変数で初期残差が判定値
  よりも小さくなったらイテレーションループ（この場合は計算自体）を停止する．

収束判定値については，上の例では $10^{-3}$ を設定しているが，実用的にはもう少し
小さい値を設定する．流速などの平均値が変動しているにもかかわらず収束判定で停
止するなど，収束判定自体があてにならない場合は，$10^{-6}$ などあえて小さな値を設定
することもある．

　relaxationFactors において緩和係数の設定を行う．計算が発散する場合，ある
いは収束が遅い場合，緩和係数を小さくしてみるとよい．どの緩和係数を小さくすべき
かは，変数の残差の値を見て判断する．ここでは "fields" と "equations" という
辞書を設定でき，ソルバーの中で陽的に緩和されているもの（たとえばソルバーのソー
スで "p.relax()" などと書かれている）は fields に，方程式に組み込まれる形で緩
和されているもの（たとえば "UEqn().relax()" などと書かれている）は equations
に記述される．上の例では，正規表現を用いて U とそれ以外の設定に分けている．

## 4.8.2　PISO 法　　☞ 5.4.4 項 (p.143)

　PISO 法は，図 4.5 で示す手順で計算される．

　PISO 法の設定を以下に示す．

```
PISO
{
    momentumPredictor yes;
    nCorrectors     2;
    nNonOrthogonalCorrectors 0;
    pRefPoint       (0 0 0);
    pRefValue       0;
}
```

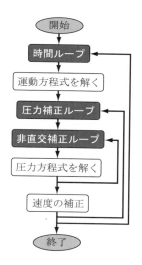

**図 4.5** PISO 法

- `momentumPredictor`：運動方程式を解くかどうかを切り替えられる.
- `nCorrectors`：PISO 法の圧力補正ループの回数で，通常は 2 である．圧力が
  うまく解けない場合は，これを大きくするとうまくいくかもしれない.

PISO 法は反復計算を行わないため，収束判定や緩和係数の設定はない.

### 4.8.3 PIMPLE 法　　☞ 5.4.5 項 (p.143)

PIMPLE 法は，図 4.6 で示す手順で計算される.

PIMPLE 法の設定を以下に示す.

```
PIMPLE
{
    momentumPredictor yes;
    turbOnFinalIterOnly yes;
    nOuterCorrectors 10;
    nCorrectors      2;
    nNonOrthogonalCorrectors 0;
    pRefPoint       (0 0 0);
    pRefValue       0;

    residualControl
    {
        p
        {
            relTol          0.05;
```

```
            tolerance           1e-3;
        }
        U
        {
            relTol              0.05;
            tolerance           1e-3;
        }
        "(k|epsilon|omega|R)"
        {
            relTol              0.05;
            tolerance           1e-3;
        }
    }
}

relaxationFactors
{
    equations
    {
        ".*"    1.0;
    }
}
```

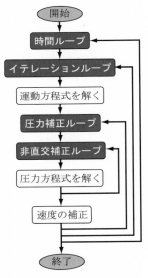

図 4.6　PIMPLE 法

- `turbOnFinalIterOnly`：乱流の方程式を解くのを反復計算の最後だけにするか
  どうかを切り替えられる.

- nOuterCorrectors：はイテレーションループの回数を指定する．これを 1 にすると，PISO 法と同じになる．
- residualControl：収束判定のための相対許容値 relTol と許容値 tolerance が設定でき，すべての変数で代数方程式の初期残差が tolerance 以下になるか，イテレーションの初期残差との比が relTol 以下になれば，イテレーションループを止めて時間ステップを進める．relTol を 0 に設定すれば，tolerance だけで収束判定される．

緩和係数は，".*Final" については，次の時間ステップに進む前にきっちり解いておくために 1.0 を設定するのが理想である．

## 4.9 計算の制御

### 4.9.1 計算の制御の設定

計算の制御の設定は，system/controlDict で行う．

system/controlDict

```
FoamFile
{
    version     2.0;
    format      ascii;
    class       dictionary;
    location    "system";
    object      controlDict;
}

FoamFile
{
    version     2.0;
    format      ascii;
    class       dictionary;
    location    "system";
    object      controlDict;
}

application     simpleFoam;

startFrom       latestTime;

startTime       0;

stopAt          endTime;
```

```
endTime         1000;

deltaT          1;

writeControl    timeStep;

writeInterval   50;

purgeWrite      0;

writeFormat     ascii;

writePrecision  6;

writeCompression off;

timeFormat      general;

timePrecision   6;

runTimeModifiable true;
```

## application
ソルバー名. 必須ではないが，なるべく設定しておく.

## startFrom
計算を開始する時刻の設定. 以下を指定できる.

- startTime : startTime で指定する時刻から開始.
- firstTime : 存在する時刻データの中で，もっとも早い時刻から開始.
- latestTime : 存在する時刻の中で，もっとも遅い時刻 (要するに最後の結果) から開始.

計算を途中結果から継続するには，"latestTime" を指定する. 基本的に "latest-Time" を指定しておけばよいかもしれない.

## startTime
startFrom で "startTime" を指定したときに使われる. ふつうは 0 を指定する.

## stopAt
計算を止めるタイミングの設定. 以下を指定できる.

- endTime：endTime で指定した時刻で停止．
- writeNow：現時刻の計算を終えてから，計算結果を書き出して停止．
- noWriteNow：現時刻の計算を終えてから，計算結果を書き出さずに停止．
- nextWrite：次の計算結果の書き出し時刻で停止．

　後述する runTimeModifiable が有効になっている場合，controlDict を変更するとソルバーは設定を読み込み直す．したがって，stopAt に "writeNow" などを指定すれば，計算結果を保存したうえで，実行中のソルバーを停止させることができる．

## endTime

　stopAt で "endTime" を指定したときに使われる．計算の終了時刻を指定する．計算結果の保存は別途 writeControl で行われるため，計算終了時刻の結果が保存されるとは限らないので注意すること．

　定常解析の場合は，最大反復計算回数を指定する．定常とみなせるまで反復するように，最大反復計算回数は十分大きく取っておく．なお，4.8.1 項で示したとおり，SIMPLE 法を用いる場合には，residualControl で設定した収束判定条件を満たせば計算は終了する

## deltaT

　時間刻み幅を指定する．定常解析の場合は 1 を指定する．

## writeControl

　計算結果の出力の制御方法．以下を指定できる．

- timeStep：時間ステップ何回かごとに出力する．
- runTime：ある時間経過ごとに出力する．
- adjustableRunTime：時間刻み幅自動調整を使用するときに設定する．
　　　　　　　　　　　　　ある時間経過ごとに出力する．

## writeInterval

　writeControl の設定に応じた値を設定する．"timeStep" ならステップ数，"runTime" なら秒数を設定する．

## purgeWrite

　計算結果を保存する個数を指定する．たとえば，2 を指定すると最後の結果とその前の結果だけが残り，それ以前の出力は削除される．0 を指定すれば，すべての結果が保存される．

　定常解析の場合，基本的に途中結果は必要ないため，`purgeWrite` を 2 くらいに設定しておけばよい．

### writeFormat

　計算結果ファイルのフォーマットの指定．"ascii" か "binary" を指定できる．

### writePrecision

　計算結果の数値の桁数の指定 (`writeFormat` が "ascii" の場合)．精度がほしい場合は桁数を増やしたほうがよい．

### writeCompression

　計算結果ファイルを圧縮するかどうかの指定．これを有効にすると，フィールドファイルが gzip で圧縮される．ディスク使用量を抑えられるが，ファイルの入出力にかかる時間は増加する．

### timeFormat

　時刻の書式の指定．以下が指定できる．

- fixed : "12.345" のような形で表現される．桁数は `timePrecision` に従う．
- scientific : "1.2345e+01" のような形で表現される．桁数は `timePrecision` に従う．
- general : 値に応じて上記を切り替える．

### timePrecision

　時刻の桁数を指定する．

### runTimeModifiable

　ソルバー実行中に `controlDict` を読み直すかどうかを指定する．"true" でよい．

## 4.9.2　時間刻み幅自動調整　　☞ 5.6.2 項 (p.148)

system/controlDict

```
adjustTimeStep   on;
maxCo            0.9;
```

　非定常解析の場合，時間刻み幅自動調整を使用できるソルバーがある．時間刻み幅自動調整に対応している場合，これを有効にすると，時間刻み幅は `maxCo` で指定したクーラン数により自動決定される．`deltaT` で指定した値は，時間刻み幅の初期値と

して用いられる．計算結果の出力タイミングの指定には，`adjustableRunTime` が利用できる．

## 4.10 初期値の設定

各変数の初期値は，フィールドファイルの `internalField` で指定できる．非定常解析を静止場から始める必要があるのであれば，速度 0，圧力一定，乱流諸量には適当な値を入れておく．定常解析の場合や，定常状態から非定常解析を始める場合は，速度や乱流諸量を流入条件から決めればよい．あるいは，初期値を決めるために一度計算を実行してもよい．簡単な初期値の計算方法として，potentialFoam を使う方法がある．

### 4.10.1 potentialFoam

potentialFoam はポテンシャル流れを計算するソルバーである．いくつか設定が必要である．`system/fvSolution` の `solvers` に変数 `Phi` の設定を追加する．

```
solvers
{
    Phi
    {
        solver          GAMG;
        smoother        DIC;

        tolerance       1e-06;
        relTol          0.01;
    }
```

また，以下の設定を追加する．

```
potentialFlow
{
    nNonOrthogonalCorrectors 10;
}
```

残差を下げるために，非直交補正ループを多めに設定している．

圧力の出力が必要であれば，`system/fvSchemes` の `divSchemes` に以下の設定が必要である．

```
    div(div(phi,U)) Gauss linear;
```

ケースディレクトリで以下のように実行する．

```
$ potentialFoam -writep
```

　計算結果は 0 ディレクトリの U ファイルに反映される．オプション "-writep" で，
圧力の結果もあわせて p に反映される．

　potentialFoam を使っても計算全体の収束性がよくなるとは限らないが，計算初期
の圧力の代数方程式ソルバーの収束性が改善することがあり，計算時間を短縮できる
可能性がある．

### 4.10.2　乱流諸量のフィールドファイルの作成　　☞ 4.4 節 (p.67)

　RANS モデルで乱流計算を行う際，計算の途中で $k$-$\varepsilon$ モデルから $k$-$\omega$ モデルや
レイノルズ応力輸送モデルなどに乱流モデルを切り替えたい場合がある．そのとき，
k，epsilon ファイルから omega，R ファイルを用意するには，ポスト処理機能の
turbulenceFields を用いる．

　simpleFoam を用いる場合，次のようにする．

```
$ simpleFoam -postProcess -func "turbulenceFields(omega)" -latestTime
```

オプションの "-latestTime" は，最後の結果のみ処理するというものである．最後
の時刻ディレクトリに "turbulenceProperties:omega" といったファイルができ
るので，必要であれば手動で名前を変更する．

## 4.11　ソルバーの実行　　☞ 2.5.5 項 (p.27)，2.5.6 項 (p.30)

### 4.11.1　ソルバーの実行

　たとえば simpleFoam を実行する場合は，ケースディレクトリの中で次のように
する．

```
$ simpleFoam
```

　計算中の出力を保存しておくと便利なことがあるため，次のように出力をファイル
に書き出したほうがよい．

```
$ simpleFoam > log.simpleFoam &
```

最後に "&" をつけているのは，バックグラウンド実行 (他のコマンドを打てる状態に
する) のためである．もし "&" をつけ忘れ場合は，[Ctrl] + [Z] でソルバーを一時停
止したあと，すぐに "bg" と入力すれば同じ状態になる．

　計算中の出力を継続的に表示させるには，tail を使う．

```
$ tail -f log.simpleFoam
```

表示を止めるには，Ctrl + C を入力する．

### 4.11.2 並列計算の実行

並列計算を実行するには，まず並列領域を分割する必要がある．並列領域を分割するには，decomposePar を使う．設定ファイルとして，system/decomposeParDict を用意する．

system/decomposeParDict

```
FoamFile
{
    version     2.0;
    format      ascii;
    class       dictionary;
    object      decomposeParDict;
}

numberOfSubdomains 2;

method          scotch;
//method          simple;

simpleCoeffs
{
    n               (2 1 1);
    delta           0.001;
}
```

numberOfSubdomains で並列領域分割数，つまり並列計算数を指定する．method は並列領域分割手法で，"scotch" を指定しておけば適当に分割してくれる．また，OpenCFD 社版では "kahip" という同様の手法も選択できる（バイナリパッケージによっては利用できない場合もある）．

ただし，並列領域分割の影響で計算が発散することもありえる．scotch などの自動分割手法に問題がありそうな場合は，代わりに "simple" を使うとよい．simple は，simpleCoeffs の n で XYZ 方向それぞれの分割数を指定する．上の例の "(2 1 1)" では，X 方向に単純に 2 分割する．

decomposePar は次のように実行する．

```
$ decomposePar
```

ケースディレクトリ内に "processor0", "processor1" ... といったファイルが
並列領域の数だけでき，それぞれに分割された並列領域の情報が含まれる．すでに
"processor0" などのディレクトリが存在する場合は，前もって消しておく必要が
ある．

　並列計算を実行するには，MPI の実行コマンドを使う．次のように実行する．

```
$ mpiexec -n 2 simpleFoam -parallel > log.simpleFoam &
```

オプション "-n" で並列計算数を指定する．"-parallel" というオプションは Open-
FOAM のソルバーのオプションで，並列で実行していることを伝えるものである．

　計算結果は分割された並列領域のそれぞれのディレクトリに格納される．これを一
つに結合するには，reconstructPar を用いる．

```
$ reconstructPar
```

これによりすべての時刻について結合されるが，最後の時刻だけでよい場合は，オプ
ション "-latestTime" を指定する．また，一度結果を結合した後に並列計算を実行
し，再度結合したい場合は，オプション "-newTimes" を指定すれば，新しい結果だ
けを結合してくれる．

### 4.11.3　ソルバーの停止

　計算中のソルバーを停止させるには，controlDict において runTimeModifiable
が有効になっていれば，stopAt を writeNow や nextWrite に変更して保存すれば
よい．ソルバーは結果を書き出してから停止する．

　ソルバーを強制終了させたければ，次のようにする．

　フォアグラウンドで（"&" をつけずに）実行した場合は，Ctrl＋C を入力すれば
よい．

　バックグラウンドで（"&" をつけて）実行した場合は，二つの方法がある．jobs を
実行して，ジョブ番号を調べる．

```
$ jobs
[1]+  実行中                  simpleFoam > log.simpleFoam &
```

先頭の "[1]" がジョブ番号である．kill でこれを指定してプロセスを終了する．

```
$ kill %1
```

　あるいは，ps でプロセス ID を調べる．

```
$ ps
  PID TTY          TIME CMD
16542 pts/1    00:00:00 bash
16557 pts/1    00:00:07 simpleFoam
16558 pts/1    00:00:00 ps
```

先頭の "16557" がプロセス ID である. kill でこれを指定してプロセスを終了する.

```
$ kill 16557
```

ただし，強制終了では最後の計算結果は残らないので注意が必要である.

## 4.12 計算の確認と計算結果の処理

### 4.12.1 残差の確認

各方程式の残差はソルバーの出力を見ればわかるが，グラフとして見られると便利である. 残差情報を取り出すには，function object という機能を用いる. system/controlDict に次のように書く.

system/controlDict

```
functions
{
    #includeFunc solverInfo
}
```

デフォルトでは U と p の残差だけ表示するようになっている. 残差を表示する変数を指定するには，次のように書けばよい.

```
functions
{
    #includeFunc solverInfo(U,p,k,epsilon)
}
```

あるいは，次のように書いてもよい.

```
functions
{
    residuals
    {
        type            solverInfo;
        libs            ("libutilityFunctionObjects.so");
        fields          (U p k epsilon);
    }
}
```

　後者が本来の function object の書き方で，"#includeFunc" のほうは短縮系のようなものである．ソルバーを実行すると，"postProcessing" ディレクトリの中に残差情報がテキストデータとして出力される．グラフを表示するには，foamMonitor を用いる (Gnuplot が必要)．

```
$ foamMonitor -l postProcessing/solverInfo/0/solverInfo.dat
```

ただし，残差以外の情報も表示される．気に入らなければ Gnuplot などでグラフを描けばよい．

　残差プロットを見て，残差が順調に下がっているかチェックする．もし残差が上下して落ち着かないようであれば，関係しそうな緩和係数を小さくしてみたり，境界条件などを見直したりしてみる．

### 4.12.2　流量の確認

　ソルバーのオプションを用いて，境界面の流量を計算することができる．

```
$ simpleFoam -postProcess -func "flowRatePatch(name=inlet)" -latestTime
```

　"-postProcess" は function object を実行するためのオプションである．"-func" は function object の関数を指定するためのオプションで，flowRatePatch は境界面 (パッチ) の流量を計算する関数である．"-latest Time" オプションは，最後の結果に対してのみ計算させるものである．ソルバーを実行すると，"postProcessing" ディレクトリの中にテキストデータが出力される．計算には流束 phi が用いられている．phi は，非圧縮性流体ソルバーではセル界面の流速ベクトルと面積ベクトルの内積をとったもので，圧縮性流体ソルバーではそれに密度がかかる．それの総和をとることで，体積流量か質量流量が計算される．これにより，想定した流量が入っているかどうかをチェックできる．また，すべての入口・出口でそれぞれの流量を計算することで収支が合っているかどうかを見て，計算が十分に収束しているか確認できる．

### 4.12.3　熱量の確認　　☞ 5.2.4 項 (p.139)

　壁面の熱量は，計算結果に対して次のように計算させることができる．

```
$ buoyantSimpleFoam -postProcess -func wallHeatFlux -latestTime
```

　ソルバーを実行すると，"postProcessing" ディレクトリの中にテキストデータが出力される．また，時刻ディレクトリにフィールドファイルが書き出される．想定の熱量が入っているか，収支が合っているか確認できる．ただし，buoyantBoussinesqSimpleFoam などの非圧縮性流体ソルバーでは利用できない．

### 4.12.4 $y^+$ の確認 ☞ 5.7.9 項 (p.168)

ソルバーのオプションを用いて，計算結果の $y^+$ を計算することができる．

```
$ simpleFoam -postProcess -func yPlus -latestTime
```

ソルバーを実行すると，"postProcessing" ディレクトリの中にテキストデータが出力される．また，時刻ディレクトリにフィールドファイルが書き出される．$y^+$ が想定の範囲に入っているか確認できる．

### 4.12.5 体積平均値の計算

定常解析の場合，計算の収束性を見るために，物理量の体積平均値の推移もチェックしたほうがよい．物理量の体積平均値を得るために，function object で次のように設定する

system/controlDict

```
functions
{
    #includeFunc mag(U,executeControl=timeStep)

    volAvgU
    {
        type            volFieldValue;
        libs            ("libfieldFunctionObjects.so");
        fields          (mag(U));
        writeFields     false;
        regionType      all;
        operation       volAverage;
        writeControl    timeStep;
        writeInterval   1;
    }
}
```

この例では，ベクトルである U をスカラーに変換してから体積平均値を計算するようにしている．計算結果は "postProcessing" というディレクトリの中にテキストデータが出力される．

### 4.12.6 計算結果の時間平均化

非定常解析の計算結果を時間平均化する必要がある場合は，system/controlDict で以下のように設定する．

system/controlDict

```
functions
{
    fieldAverage
    {
        type fieldAverage;
        libs ("libfieldFunctionObjects.so");
        enabled true;
        writeControl timeStep;
        fields
        (
            U
            {
                mean on;
                prime2Mean on;
                base time;
            }

            p
            {
                mean on;
                prime2Mean on;
                base time;
            }
        );
    }
}
```

　ソルバーの "-postProcess" オプションで function object を実行する.

```
$ pimpleFoam -postProcess
```

フィールドデータとして "UMean", "pMean" などが出力される.
　上の例では計算後に処理しているが,計算前に設定しておけば,計算時に function object が実行され,平均値が出力される.

### 4.12.7　計算結果の確認と処理

　計算結果の確認および処理は ParaView で行う.ケースディレクトリで paraFoam を実行すると,ParaView が起動して計算結果が読み込まれる.

```
$ paraFoam
```

　並列計算の結果を処理する場合は,あらかじめ reconstructPar を実行して結果を結合しておく必要がある.あるいは,ParaView の組み込みリーダーを用いれば,結

果を分割したままでも結果を確認できる.

　計算結果の処理の前に, 計算結果が物理的に妥当かどうか確認する.

## 4.13　ケースのクリア

### 計算結果の削除

　計算の設定を行っている段階では, 試計算を幾度か実施することになるが, その度にいくつかできる時刻ディレクトリ (計算結果) を削除する必要がある. 計算結果を削除するには, 次のように `foamListTimes` を実行する.

```
$ foamListTimes -rm
```

　並列計算結果を削除する場合は, オプション "-processor" をつける.

```
$ foamListTimes -rm -processor
```

　削除する時間範囲を指定することもできる. たとえば, 0.26 秒以降の結果を削除したければ, 次のようにする.

```
$ foamListTimes -rm -time 0.26:
```

### メッシュデータの削除

　メッシュをつくり直すときなど, メッシュデータを削除したい場合は, `foamCleanPolyMesh` を実行する.

```
$ foamCleanPolyMesh
```

## 4.14　ミキシングエルボーの熱流動解析の設定

　ここでは, ミキシングエルボー内の熱流動解析の設定を示す. 手順は図 2.3 に従う. 解析条件を以下に示す (☞ 2.5.1 項, p.25).

　モデルの寸法を図 4.7 に示す. 左下の入り口を in1, 右下の入り口を in2 とする. 右上を出口 out とする. 設定条件は以下とする.

- 流体は空気
- in1 : 0.2 m/s, 20 °C
- in2 : 1 m/s, 40 °C

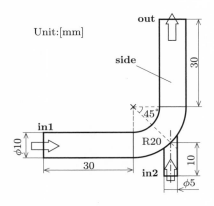

**図 4.7**　ミキシングエルボーモデル (再掲)

- out：大気圧
- side：壁面. 固着条件 (non-slip)，断熱

### 4.14.1　メッシュ　　☞ 2.5.3 項 (p.26)

メッシュの設定については，3.3 節 (p.44) を参照すること.

### 4.14.2　定常等温流動解析　　☞ 2.5.5 項 (p.27)

定常等温流動解析を行うために，simpleFoam を用いる (図 4.8).

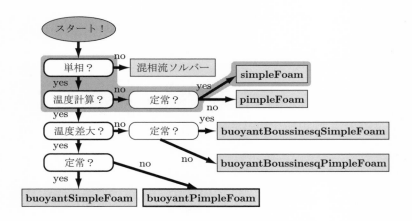

**図 4.8**　simpleFoam ソルバーの選択手順

### 物性値の設定

constant/transportProperties

```
transportModel  Newtonian;

nu              1.5e-05; // [m2/s]
```

物性は常温の空気として，動粘性係数 nu に $1.5 \times 10^{-5}$ (1.5e-05) を設定する.

### 乱流モデルの設定

constant/turbulenceProperties

```
simulationType  RAS;

RAS
{
    RASModel        kEpsilon;
    turbulence      on;
    printCoeffs     on;
}
```

ここでは，標準 $k$-$\varepsilon$ モデル (kEpsilon) を設定する.

### 境界条件と初期値の設定

0/U

```
FoamFile
{
    version    2.0;
    format     ascii;
    class      volVectorField;
    object     U;
}

dimensions      [0 1 -1 0 0 0 0]; // [m/s]

internalField uniform (0 0 0);

boundaryField
{
    mixing_elbow_side
    {
        type            fixedValue;
        value           uniform (0 0 0);
    }
```

```
    mixing_elbow_in1
    {
        type            fixedValue;
        value           uniform (0.2 0 0);
    }
    mixing_elbow_in2
    {
        type            fixedValue;
        value           uniform (0 0 1);
    }
    mixing_elbow_out
    {
        type            zeroGradient;
    }
}
```

　流速を設定する．入口の mixing_elbow_in1, mixing_elbow_in2 に fixedValue により流入速度ベクトルを指定している．出口の mixing_elbow_out は勾配 0 とする．壁の mixing_elbo_side には，壁条件として流速 0 を設定している．internalField には，初期値として流速 0 を設定している．

0/p

```
FoamFile
{
    version     2.0;
    format      ascii;
    class       volScalarField;
    object      p;
}

dimensions      [0 2 -2 0 0 0 0]; // [m2/s2]

internalField   uniform 0;

boundaryField
{
    mixing_elbow_side
    {
        type            zeroGradient;
    }
    mixing_elbow_in2
    {
        type            zeroGradient;
    }
    mixing_elbow_in1
    {
```

```
        type            zeroGradient;
    }
    mixing_elbow_out
    {
        type            fixedValue;
        value           uniform 0;
    }
}
```

　圧力 (密度で割られた相対圧力) を設定する. `mixing_elbow_out` に `fixedValue` で相対圧力 0 を設定する. 出口以外は `zeroGradient` でよい. `internalField` で初期値は 0 とする.

0/k

```
FoamFile
{
    version     2.0;
    format      ascii;
    class       volScalarField;
    object      k;
}

dimensions      [0 2 -2 0 0 0 0]; // [m2/s2]

internalField   uniform 0.00015;

boundaryField
{
    mixing_elbow_out
    {
        type            zeroGradient;
    }
    mixing_elbow_in2
    {
        type            turbulentIntensityKineticEnergyInlet;
        intensity       0.05; // 5%
        value           $internalField;
    }
    mixing_elbow_in1
    {
        type            turbulentIntensityKineticEnergyInlet;
        intensity       0.05; // 5%
        value           $internalField;
    }
    mixing_elbow_side
    {
```

```
            type            kqRWallFunction;
            value           $internalField;
        }
    }
}
```

　乱流エネルギー $k$ を設定する．mixing_elbow_in1，mixing_elbow_in2 に，乱流強度 から $k$ を決める turbulentIntensityKineticEnergyInlet を設定し，intensity に乱流強度 5 %（0.05）を設定している．internalField には，初期値として乱流強度を 5 %，流速を 0.2 m/s として見積もった $k$ の値を設定している．mixing_elbow_side には，壁関数条件として kqRWallFunction を設定している．

0/epsilon

```
FoamFile
{
    version     2.0;
    format      ascii;
    class       volScalarField;
    object      epsilon;
}

dimensions      [0 2 -3 0 0 0 0]; // [m2/s3]

internalField   uniform 0.000431;

boundaryField
{
    mixing_elbow_out
    {
        type            zeroGradient;
    }
    mixing_elbow_in2
    {
        type            turbulentMixingLengthDissipationRateInlet;
        mixingLength    0.00035;
        value           $internalField;
    }
    mixing_elbow_in1
    {
        type            turbulentMixingLengthDissipationRateInlet;
        mixingLength    0.0007;
        value           $internalField;
    }
    mixing_elbow_side
    {
        type            epsilonWallFunction;
```

```
        value           $internalField;
    }
}
```

乱流散逸率 $\varepsilon$ を設定する．mixing_elbow_in1，mixing_elbow_in2 に，混合長を用いて $\varepsilon$ を決める turbulentMixingLengthDissipationRateInlet を設定しており，mixingLength にそれぞれの径を代表長さ $L$ とした混合長 $l_m = 0.07L$ を設定している．internalField には，初期値として $k$ と混合長から見積もった $\varepsilon$ の値を設定している．mixing_elbow_side には，壁関数条件として epsilonWallFunction を設定している．

0/nut

```
FoamFile
{
    version     2.0;
    format      ascii;
    class       volScalarField;
    object      nut;
}

dimensions      [0 2 -1 0 0 0 0]; // [m2/s]

internalField   uniform 0;

boundaryField
{
    mixing_elbow_out
    {
        type            calculated;
        value           $internalField;
    }
    mixing_elbow_in2
    {
        type            calculated;
        value           $internalField;
    }
    mixing_elbow_in1
    {
        type            calculated;
        value           $internalField;
    }
    mixing_elbow_side
    {
        type            nutkWallFunction;
        value           $internalField;
```

```
        }
}
```

　乱流粘性係数を設定する. `mixing_elbow_side` に壁関数条件として `nutkWallFunction` を設定している. それ以外は `calculated` でよい. `internalField` で初期値は 0 とする.

## 離散化スキームの設定

system/fvSchemes

```
ddtSchemes
{
    default         steadyState;
}
gradSchemes
{
    default         Gauss linear;
}
divSchemes
{
    default         none;
    div(phi,U)      bounded Gauss upwind;
    div(phi,k)      bounded Gauss upwind;
    div(phi,epsilon) bounded Gauss upwind;
    div(phi,omega)  bounded Gauss upwind;
    div(phi,R)      bounded Gauss upwind;
    div(R)          Gauss linear;
    div((nuEff*dev2(T(grad(U))))) Gauss linear;
}
laplacianSchemes
{
    default         Gauss linear corrected;
}
interpolationSchemes
{
    default         linear;
}
snGradSchemes
{
    default         corrected;
}
```

　定常解析なので, `ddtSchemes` に "steadyState" を設定する. `divSchemes` に必要な項目を追加し, 対流項 ("phi" を含むもの) にはここでは 1 次精度風上差分スキームである upwind を設定する.

### 代数方程式ソルバーの設定

system/fvSolution

```
solvers
{
    p
    {
        solver          PCG;
        preconditioner  DIC;
        tolerance       1e-06;
        relTol          0.01;
    }
    U
    {
        solver          PBiCGStab;
        preconditioner  DILU;
        tolerance       1e-05;
        relTol          0.1;
    }
    "(k|epsilon|omega|R)"
    {
        solver          PBiCGStab;
        preconditioner  DILU;
        tolerance       1e-05;
        relTol          0.1;
    }
}
```

　代数方程式ソルバーについては，結果にあまり影響しないため，適当なものを設定すればよい．ただし，計算の安定性には影響するため，とりあえず PCG，PBiCGStab あたりを設定しておけばよい．

### 圧力–速度連成手法の設定

system/fvSolution

```
SIMPLE
{
    nNonOrthogonalCorrectors 1;
    consistent      yes;

    residualControl
    {
        p               1e-2;
        U               1e-3;
        "(k|epsilon|omega|R)" 1e-3;
    }
}
```

```
relaxationFactors
{
    equations
    {
        U               0.8;
        ".*"            0.8;
    }
}
```

SIMPLE および relaxationFactors において，収束判定と緩和係数を適当に設定する．メッシュのゆがみ補正 (非直交補正) を行うための nNonOrthogonalCorrectors はメッシュ品質に応じて設定する．consistent を yes として SIMPLEC 法を有効にしているため，緩和係数の値は少し大きめの値を設定している．

## 計算の制御の設定

system/controlDict

```
application     simpleFoam;

startFrom       latestTime;

startTime       0;

stopAt          endTime;

endTime         500;

deltaT          1;

writeControl    timeStep;

writeInterval   100;

purgeWrite      2;

writeFormat     ascii;

writePrecision  6;

compression     off;

timeFormat      general;

timePrecision   6;

runTimeModifiable true;
```

　定常解析なので，`deltaT` を 1 にする．`endTime` は 500 程度にしておく．途中結果はすべて必要なわけではないので，`purgeWrite` に 2 を設定する．

### 並列計算設定

　並列計算したい場合は，並列領域の分割のために `system/decomposeParDict` を用意する．

system/decomposeParDict

```
numberOfSubdomains 2;

method          scotch;
```

　ここでは，2 並列計算を想定して並列領域分割数 `numberOfSubdomains` を 2 に設定している．領域数を増やしても適当に領域分割するように `method` には `scotch` を選択しているが，モデル形状によっては領域分割の仕方が計算の収束性に影響する場合があるため，収束性が悪い場合は `kahip` や `simple` などほかの分割手法も試してみるとよい．

　あとは，4.11 節の手順に従って計算する．

### 4.14.3　非定常熱流動解析　☞ 2.5.6 項 (p.30)

　非定常熱流動解析を行うためには，buoyantPimpleFoam を用いる (図 4.9).

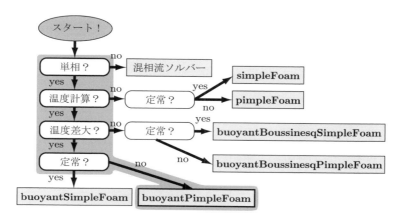

図 **4.9**　buoyantPimpleFoam ソルバーの選択手順

### 物性値の設定

constant/thermophysicalProperties

```
thermoType
{
    type            heRhoThermo;
    mixture         pureMixture;
    specie          specie;
    equationOfState perfectGas;
    transport       const;
    thermo          hConst;
    energy          sensibleEnthalpy;
}
mixture
{
    specie
    {
        nMoles          1;
        molWeight       28.9;
    }
    thermodynamics
    {
        Cp              1000;
        Hf              0;
    }
    transport
    {
        mu              1.8e-05;
        Pr              0.7;
    }
}
```

　物性は空気とする．状態方程式 (equationOfState) は完全気体 (perfectGas) に設定している．

### 重力加速度の設定

constant/g

```
dimensions      [0 1 -2 0 0 0 0]; // [m/s2]

value           ( 0 0 -9.81 );
```

　図の下方向 (−Z 方向) に重力加速度を設定する．完全気体 (理想気体) の状態方程式を用いるため，温度変化により密度が変化し，多少浮力が効く．

### 乱流モデルの設定

ここでは，標準 $k$-$\varepsilon$ モデルを設定する．設定は，4.14.3 項 (p.123) と同様である．

### 境界条件の設定

0/U は simpleFoam の設定と同じである．

0/p_rgh

```
dimensions        [1 -1 -2 0 0 0 0]; // [kg/(m-s2)]=[Pa]

internalField    uniform 101325;

boundaryField
{
    mixing_elbow_side
    {
        type            fixedFluxPressure;
        value           $internalField;
    }
    mixing_elbow_in1
    {
        type            fixedFluxPressure;
        value           $internalField;
    }
    mixing_elbow_in2
    {
        type            fixedFluxPressure;
        value           $internalField;
    }
    mixing_elbow_out
    {
        type            fixedValue;
        value           uniform 101325;
    }
}
```

圧力 (静水圧を引いた絶対圧力) を設定する．mixing_elbow_out に fixedValue で大気圧を設定する．出口以外は fixedFluxPressure でよい．internalField には初期値として大気圧を設定する．

0/p

```
dimensions        [1 -1 -2 0 0 0 0]; // [kg/(m-s2)]=[Pa]

internalField    uniform 101325;

boundaryField
```

```
{
    mixing_elbow_side
    {
        type            calculated;
        value           $internalField;
    }
    mixing_elbow_in1
    {
        type            calculated;
        value           $internalField;
    }
    mixing_elbow_in2
    {
        type            calculated;
        value           $internalField;
    }
    mixing_elbow_out
    {
        type            calculated;
        value           $internalField;
    }
}
```

　圧力 (絶対圧力) を設定する. p は p_rgh より自動的に算出されるので，境界条件としては calculated を指定すればよい. internalField には初期値として大気圧を設定する.

0/T

```
dimensions      [0 0 0 1 0 0 0]; // [K]

internalField   uniform 293;

boundaryField
{
    mixing_elbow_side
    {
        type            zeroGradient;
    }

    mixing_elbow_in1
    {
        type            fixedValue;
        value           uniform 293;
    }

    mixing_elbow_in2
```

```
    {
        type                fixedValue;
        value               uniform 313;
    }

    mixing_elbow_out
    {
        type                zeroGradient;
    }
}
```

温度を設定する．mixing_elbow_in1，mixing_elbow_in2 に fixedValue で流入温度を設定している．internalField は初期温度として mixing_elbow_in1 の温度としている．それ以外は断熱条件として zeroGradient を設定している．

0/alphat

```
dimensions      [1 -1 -1 0 0 0 0]; // [kg/(m-s)]

internalField   uniform 0;

boundaryField
{
    mixing_elbow_out
    {
        type            calculated;
        value           $internalField;
    }
    mixing_elbow_in2
    {
        type            calculated;
        value           $internalField;
    }
    mixing_elbow_in1
    {
        type            calculated;
        value           $internalField;
    }
    mixing_elbow_side
    {
        type            compressible::alphatWallFunction;
        Prt             0.85;
        value           $internalField;
    }
}
```

　乱流熱拡散率 (OpenFOAM の場合は乱流動粘性係数を乱流プラントル数で割ったもの) を設定する. `mixing_elbow_side` に壁関数条件として `compressible::alphatWallFunction` を設定している. それ以外は `calculated` でよい. `internalField` には初期値として 0 を設定する.

　`0/k`, `0/epsilon` および `0/nut` は, simpleFoam の設定と同様である.

### 離散化スキームの設定

system/fvSchemes

```
ddtSchemes
{
    default         Euler;
}
gradSchemes
{
    default         Gauss linear;
}
divSchemes
{
    default         none;
    div(phi,U)      Gauss upwind;
    div(phi,h)      Gauss upwind;
    div(phi,k)      Gauss upwind;
    div(phi,epsilon) Gauss upwind;
    div(phi,R)      Gauss upwind;
    div(phi,K)      Gauss linear;
    div(R)          Gauss linear;
    div(((rho*nuEff)*dev2(T(grad(U))))) Gauss linear;
}
```

　非定常解析なので, `ddtSchemes` に `Euler` を設定する. `divSchemes` に必要な項目を追加し, 対流項 (``phi'' を含むもの) に `upwind` を設定する. simpleFoam の設定に比べ, h, K, rho*nuEff に関する設定が増えている.

### 代数方程式ソルバーの設定

system/fvSolution

```
solvers
{
    "rho.*"
    {
        solver          PCG;
        preconditioner  DIC;
        tolerance       0;
        relTol          0;
```

```
    }

    p_rgh
    {
        solver          PCG;
        preconditioner  DIC;
        tolerance       1e-8;
        relTol          0.01;
    }

    p_rghFinal
    {
        $p_rgh;
        relTol          0;
    }

    "(U|h|e|k|epsilon|R)"
    {
        solver          PBiCGStab;
        preconditioner  DILU;
        tolerance       1e-6;
        relTol          0.1;
    }

    "(U|h|e|k|epsilon|R)Final"
    {
        $U;
        relTol          0;
    }
}
```

代数方程式ソルバーについては，適当なものを設定すればよい．

## 圧力—速度連成手法の設定

system/fvSolution

```
PIMPLE
{
    momentumPredictor yes;
    turbOnFinalIterOnly yes;
    nOuterCorrectors 1;
    nCorrectors     2;
    nNonOrthogonalCorrectors 1;
}
relaxationFactors
{
    equations
    {
```

```
        ".*"    1.0;
    }
}
```

PIMPLE と relaxationFactors において，収束判定と緩和係数を適当に設定する．
nNonOrthogonalCorrectors はメッシュ品質に応じて設定する．ここではイテレー
ションループの回数である nOuterCorrectors を 1 に設定しているため PISO 法と
なり，緩和係数は ".*Final" のものが使われる (つまり，緩和は効かない)．

### 計算の制御の設定

system/controlDict

```
application      buoyantPimpleFoam;

startFrom        latestTime;

startTime        0;

stopAt           endTime;

endTime          1;

deltaT           1e-3;

writeControl     adjustableRunTime;

writeInterval    0.01;

purgeWrite       0;

writeFormat      ascii;

writePrecision   6;

compression      off;

timeFormat       general;

timePrecision    6;

runTimeModifiable true;

adjustTimeStep   on;

maxCo            0.9;
```

1 秒間計算するために，`endTime` に 1 を設定する．時間刻み幅は自動調整を行うために `adjustTimeStep` を `on` に設定し，`deltaT` に小さめの初期時間刻み幅 `1e-3` を設定する．

## 並列計算設定

4.14.2 項の定常等温流動解析と同様．以下，4.11 節の手順に従って計算を実行する．

# 理論編

# 第5章
# OpenFOAM のための
# 数値流体力学入門

　本章では，OpenFOAM をよりよく理解するために必要な数値流体力学の知識について概説する.

## 5.1　熱流体の支配方程式

### 5.1.1　圧縮性と非圧縮性　　☞ 4.2.1 項 (p.60)，4.2.2 項 (p.62)

　流体を数学的に取り扱う場合，密度変化の小さな流体を非圧縮性流体 (incompressible fluid) として扱う. 一方，密度変化を無視できない場合は圧縮性流体 (compressible fluid) とする. 一般に，速度がマッハ数 0.3 以下 (密度変化が 5 ％以下) であれば非圧縮性流体とみなされる.

　OpenFOAM では，温度を扱う場合は一般に圧縮性流体として扱われる. 熱物性 (thermophysical properties) を扱えるのは，圧縮性流体ソルバーだけである.

### 5.1.2　連続の式

　連続の式 (質量保存の式) は次式で表される.

$$\frac{\partial \rho}{\partial t} + \nabla \cdot (\rho \boldsymbol{u}) = 0 \tag{5.1}$$

ここで，$\boldsymbol{u}$ は速度，$\rho$ は密度である. 定常状態では時間微分項が省かれる. 非圧縮性流体の場合は，次式のようになる.

$$\nabla \cdot \boldsymbol{u} = 0 \tag{5.2}$$

### 5.1.3　運動方程式　　☞ 4.2.1 項 (p.60)，4.2.2 項 (p.62)

　運動方程式 (ナビエ–ストークス方程式) は次式で表される.

$$\frac{\partial \rho \boldsymbol{u}}{\partial t} + \nabla \cdot (\rho \boldsymbol{u}\boldsymbol{u}) = -\nabla p + \nabla \cdot [\mu\{\nabla \boldsymbol{u} + (\nabla \boldsymbol{u})^T\}] - \nabla \left(\frac{2}{3}\mu\nabla \cdot \boldsymbol{u}\right) \tag{5.3}$$

ここで，$\mu$ は粘性係数である.

OpenFOAM の圧縮性流体ソルバーでは，次式が解かれる．

$$\frac{\partial \rho \boldsymbol{u}}{\partial t} + \nabla \cdot (\rho \boldsymbol{u} \boldsymbol{u}) = -\nabla p + \nabla \cdot (\mu \nabla \boldsymbol{u}) + \nabla \cdot \left[ \mu \left\{ (\nabla \boldsymbol{u})^T - \frac{2}{3} \nabla \cdot \boldsymbol{u} I \right\} \right] \quad (5.4)$$

右辺第 2 項はラプラシアンとみなされる．右辺第 3 項の発散の中は，速度勾配の転置の偏差テンソルのようなものとして表現され (偏差テンソルの場合は係数が 2/3 ではなく 1/3)，陽的に計算される．定常状態の場合は時間微分項が省かれる．

非圧縮性流体ソルバーでは，次式が解かれる．

$$\frac{\partial \boldsymbol{u}}{\partial t} + \nabla \cdot (\boldsymbol{u} \boldsymbol{u}) = -\nabla p + \nabla \cdot (\nu \nabla \boldsymbol{u}) + \nabla \cdot \left[ \nu \left\{ (\nabla \boldsymbol{u})^T - \frac{2}{3} \nabla \cdot \boldsymbol{u} I \right\} \right] \quad (5.5)$$

ここで，$p$ は密度で割られた圧力である (出力もこのままなので，評価の際には注意が必要)．$\nu$ は動粘性係数である．右辺第 3 項の発散の中は，圧縮性流体ソルバーと同様に，陽的に計算される．

### 5.1.4 エネルギー方程式 ☞ 4.2.1 項 (p.60)，4.2.2 項 (p.62)

単位質量あたりの全エネルギー $E$ の方程式は，次式で表される．

$$\frac{\partial}{\partial t}(\rho E) + \nabla \cdot (\rho E \boldsymbol{u}) = -\nabla \cdot (p \boldsymbol{u}) + \nabla \cdot (k \nabla T) \quad (5.6)$$

ここで，$k$ は熱伝導率，$T$ は絶対温度である．ここでは，応力と重力の項は無視した．

全エネルギー $E$ は，単位質量あたりの内部エネルギー $e$ と運動エネルギー $K$ の和で表される．

$$E = e + K \quad (5.7)$$

運動エネルギーは次式で表される．

$$K = \frac{1}{2} \boldsymbol{u} \cdot \boldsymbol{u} \quad (5.8)$$

式 (5.6) を内部エネルギーと運動エネルギーで表すと，次式のようになる．

$$\frac{\partial}{\partial t}(\rho e) + \nabla \cdot (\rho e \boldsymbol{u}) + \frac{\partial}{\partial t}(\rho K) + \nabla \cdot (\rho K \boldsymbol{u}) = -\nabla \cdot (p \boldsymbol{u}) + \nabla \cdot (k \nabla T) \quad (5.9)$$

単位質量あたりのエンタルピー $h$ を

$$h = e + \frac{p}{\rho} \quad (5.10)$$

とすると，式 (5.9) は

$$\frac{\partial}{\partial t}(\rho h) + \nabla \cdot (\rho h \boldsymbol{u}) + \frac{\partial}{\partial t}(\rho K) + \nabla \cdot (\rho K \boldsymbol{u}) = \frac{\partial p}{\partial t} + \nabla \cdot (k \nabla T) \qquad (5.11)$$

となる. エンタルピー $h$ は, 定圧比熱を $c_p$ として

$$h = h_a - h_0 = \int_{T_0}^{T} c_p dT \qquad (5.12)$$

と表される. ここで, $h_a$ は絶対エンタルピー, $h_0$ は温度が $T_0$ のときのエンタルピーで, 一般には $T_0 = 293.15$ [K] とした標準生成エンタルピーが用いられる.

比熱が一定の場合, $h$ は次式で表される.

$$h = c_p(T - T_0) \qquad (5.13)$$

これを式 (5.11) に代入し, 密度を一定とすると, 次式が得られる.

$$\frac{\partial T}{\partial t} + \nabla \cdot (T \boldsymbol{u}) = \nabla \cdot (\alpha \nabla T) \qquad (5.14)$$

ここで, $\alpha = k/(\rho c_p)$ は熱拡散率である.

OpenFOAM の圧縮性流体ソルバーでは, 設定によって式 (5.9) あるいは式 (5.11) が解かれる. 温度の拡散項は次式で表される.

$$\nabla \cdot (k \nabla T) = \nabla \cdot (\alpha \nabla e) = \nabla \cdot (\alpha \nabla h) \qquad (5.15)$$

ここで, $\alpha = k/c_p$ は熱拡散率に密度をかけたものである.

浮力を扱うために Boussinesq 近似を用いるソルバー buoyantBoussinesqSimpleFoam, buoyantBoussinesqPimpleFoam の場合は, 流体は非圧縮性流体として扱われ, 温度は式 (5.14) から求められる.

### 5.1.5 状態方程式 ☞ 4.2.2 項 (p.62)

圧縮性流体においては, 密度を求めるために状態方程式 (equation of state) を用いる必要がある. 流体が気体の場合は, 理想気体 (ideal gas, 完全気体 perfect gas ともいう) の状態方程式が用いられることが多い.

$$\rho = \frac{pW}{RT} \qquad (5.16)$$

ここで, $W$ は分子量 [kg/kmol], $R$ は気体定数 [J/kmol-K] である.

液体の場合は, 密度を多項式などで表す.

OpenFOAM の場合, $\psi = \rho/p$ を圧縮率 (compressibility) とよんでいる. 完全気

体 (perfectGas) の場合，圧縮率は $\psi = 1/RT$ である．ただし，OpenFOAM の熱物性モデルの気体定数は分子量で割られたもの [J/kg-K] である．

### 5.1.6　浮力の扱い　☞ 4.2.1 項 (p.60), 4.2.2 項 (p.62), 4.3 節 (p.67)

浮力を考慮するには，重力を考慮する必要がある．

$$\frac{\partial \rho \boldsymbol{u}}{\partial t} + \nabla \cdot (\rho \boldsymbol{u} \boldsymbol{u}) = -\nabla p + \nabla \cdot [\mu \{\nabla \boldsymbol{u} + (\nabla \boldsymbol{u})^T\}] - \nabla \left(\frac{2}{3}\mu \nabla \cdot \boldsymbol{u}\right) + \rho \boldsymbol{g} \quad (5.17)$$

ここで，$\boldsymbol{g}$ は重力加速度である．

OpenFOAM では，圧力勾配と重力の項を次のように扱う．

$$-\nabla p + \rho \boldsymbol{g} = -\nabla p_{\mathrm{rgh}} - \boldsymbol{g} \cdot \boldsymbol{x} \nabla \rho \quad (5.18)$$

ここで，$p_{\mathrm{rgh}} = p - \rho \boldsymbol{g} \cdot \boldsymbol{x}$ である．$p_{\mathrm{rgh}}$ を圧力 $p$ の代わりに求める．$p$ は $p = p_{\mathrm{rgh}} + \rho \boldsymbol{g} \cdot \boldsymbol{x}$ から計算する．

密度変化を無視できる場合，基準密度を $\rho_0$，基準温度を $T_0$，体積膨張率を $\beta$ として，密度を次式で表すことができる．

$$\rho = \{1 - \beta(T - T_0)\}\rho_0 \quad (5.19)$$

これは Boussinesq 近似とよばれる．密度変化を無視できるため，非圧縮性流体とみなすことができ，運動方程式は次式のように表すことができる．

$$\frac{\partial \boldsymbol{u}}{\partial t} + \nabla \cdot (\boldsymbol{u} \boldsymbol{u}) = -\nabla p + \nabla \cdot [\nu \{\nabla \boldsymbol{u} + (\nabla \boldsymbol{u})^T\}] + \frac{\rho}{\rho_0} \boldsymbol{g} \quad (5.20)$$

$p$ は密度で割られた圧力である．Boussinesq 近似を用いた圧力勾配と重力の項は，$\rho_k = 1 - \beta(T - T_0)$ として

$$-\nabla p + \frac{\rho}{\rho_0} \boldsymbol{g} = -\nabla p_{\mathrm{rgh}} - \boldsymbol{g} \cdot \boldsymbol{x} \nabla \rho_k \quad (5.21)$$

となる．ここで，$p_{\mathrm{rgh}} = p - \rho_k \boldsymbol{g} \cdot \boldsymbol{x}$ である．

### 5.1.7　乱流の効果　☞ 4.4 節 (p.67)

乱流解析では，乱流モデルの方程式とともに，平均化された運動方程式やエネルギー式などが解かれる．それらは形式的にはもとの方程式と同じ形をしており，乱流の効果は粘性係数や熱拡散率に乱流の成分を足しこむことで表現される．乱流を考慮した運動方程式およびエネルギー方程式は，以下のように表される．

$$\frac{\partial \rho \boldsymbol{u}}{\partial t} + \nabla \cdot (\rho \boldsymbol{u}\boldsymbol{u}) = -\nabla p + \nabla \cdot \left[\mu_{\text{eff}}\{\nabla \boldsymbol{u} + (\nabla \boldsymbol{u})^T\}\right] - \nabla \left(\frac{2}{3}\mu_{\text{eff}}\nabla \cdot \boldsymbol{u}\right) \quad (5.22)$$

$$\frac{\partial}{\partial t}(\rho h) + \nabla \cdot (\rho h \boldsymbol{u}) + \frac{\partial}{\partial t}(\rho K) + \nabla \cdot (\rho K \boldsymbol{u}) = \frac{\partial p}{\partial t} + \nabla \cdot (\alpha_{\text{eff}}\nabla h) \quad (5.23)$$

ここで, $\mu_{\text{eff}} = \mu + \mu_t$, $\alpha_{\text{eff}} = \alpha + \alpha_t$ であり, $\mu_t$ は乱流粘性係数, $\alpha_t$ は乱流熱拡散率である.

$\mu_t$ は乱流モデルによるが, $k$-$\varepsilon$ モデルであれば

$$\mu_t = \rho C_\mu \frac{k^2}{\varepsilon} \quad (5.24)$$

となる. ここで, $C_\mu = 0.09$ である.

$\alpha_t$ については, 乱流拡散係数から

$$\alpha_t = \frac{\mu_t}{Pr_t} \quad (5.25)$$

となる. ここで $Pr_t$ は乱流プラントル数で, 値は経験的に 0.85 が用いられる.

## 5.2　境界条件

### 5.2.1　基本境界条件　☞ 4.5.1 項 (p.70)

　基本的な境界条件は, 値指定境界条件 (ディリクレ境界条件) と勾配指定境界条件 (ノイマン境界条件) である. OpenFOAM では, 境界条件タイプとしてそれぞれ **fixedValue** と **fixedGradient** が対応する. 勾配指定境界条件はゼロ勾配境界条件としてよく用いられ, OpenFOAM では境界条件タイプ **zeroGradient** として別途用意されている.

### 5.2.2　流入条件　☞ 4.5.3 項 (p.76)

　流入条件としては, 速度は値指定条件, 圧力はゼロ勾配条件とする. 温度は値指定とする.

### 5.2.3　流出条件　☞ 4.5.3 項 (p.76)

　流出条件としては, 速度についてはゼロ勾配条件が用いられる. ただし, これは十分に発達した流れを想定することになるため, 出口を障害物から十分に離した場所に設定する必要がある.

　圧力については, 値指定条件を用いる. 圧力方程式を解くためには, どこかで圧力

値を指定する必要があるが，流出条件において指定することが多い．出口のない領域を解く場合は，領域内のどこかに適当な圧力値を設定する必要がある．OpenFOAMでは，`pRefValue`，`pRefPoint`（または `pRefCell`）の設定がこれにあたる．

温度などのスカラー値はゼロ勾配条件とする．

### 5.2.4 壁の条件　　☞ 4.5.6 項 (p.80)，4.5.7 項 (p.80)，4.12.3 項 (p.110)

壁の条件には，固着 (non-slip) 境界条件とスリップ (slip) 境界条件がある．前者は壁面で流速を 0 とするもので，壁では通常この条件が使われる．壁で流体がすべって流速が 0 にならない場合は，後者の条件を用いる．圧力についてはゼロ勾配条件とする．温度についてはいくつかの条件がある．

固着条件では，流速を値指定条件で 0 とする．壁が動いている場合は，壁の速度を指定すればよい．スリップ条件では，壁方向の速度勾配を 0 とする．OpenFOAM では，固着条件には直接速度を指定するか，`noSlip` という境界条件タイプを用いる．これに対し，スリップ条件には `slip` という境界条件タイプを用いる．温度については，まず値指定条件と勾配指定条件がある．値指定条件はそのまま温度を指定するものである．勾配指定条件は，熱流束の指定に相当する．熱流束は，フーリエの法則から

$$q = -k\nabla T \tag{5.26}$$

であるので，これより，温度勾配は次式で表される．

$$\nabla T = -\frac{1}{k}q \tag{5.27}$$

断熱条件の場合は，ゼロ勾配条件を用いればよい．また，熱伝達境界条件および外部輻射境界条件は次式のように表される．

$$q = -h(T - T_{\text{ext}}) - \varepsilon(T^4 - T_{\text{ext}}{}^4) \tag{5.28}$$

ここで，$h$ は熱伝達率，$\varepsilon$ は放射率 (emissivity)，$T_{\text{ext}}$ は外部温度である．この条件は未知数を含むため，勾配指定条件では与えられず，別途専用の条件を用いる必要がある．

OpenFOAM の場合，熱流束，熱伝達条件および外部輻射条件を設定する境界条件タイプとして `externalWallHeatFluxTemperature` がある．

## 5.3　有限体積法による離散化　☞ 4.6 節 (p.83)，4.7 節 (p.90)

　OpenFOAM では，偏微分方程式の離散化手法として主に有限体積法が用いられている．有限体積法はコントロールボリューム法ともよばれ，連続体の偏微分方程式を離散化して解く手法の一つである．連続体をコントロールボリュームあるいはセルともよばれる多面体で分割し，方程式をセルの体積積分の形で表す (図 5.1).

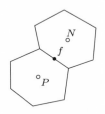

図 5.1　セル

　離散点をセルの中心に置き，セル内部の値をセル中心の値で代表させる．$P$ は注目セルの中心の点，$N$ は隣接セルの中心の点，$f$ は注目セルと隣接セルが共有する面の中心の点である．これらの点における値をそれぞれ $P$，$N$，$f$ という添字で表す．たとえば，それぞれの点の位置を $\boldsymbol{x}_P$，$\boldsymbol{x}_N$，$\boldsymbol{x}_f$ のように表す．

　たとえば，次のようなスカラー量 $\phi$ の輸送方程式を考える．

$$\frac{\partial \rho\phi}{\partial t} + \nabla \cdot (\rho\phi\boldsymbol{u}) = \nabla \cdot (k\nabla\phi) + S \tag{5.29}$$

ここで，$\rho$ は密度，$\boldsymbol{u}$ は流速ベクトル，$k$ は拡散係数，$S$ はソース項である．これを有限体積法で離散化する．まず，方程式をセルにおいて積分する．

$$\int \frac{\partial \rho\phi}{\partial t}dV + \int \nabla \cdot (\rho\phi\boldsymbol{u})dV = \int \nabla \cdot (k\nabla\phi)dV + \int SdV \tag{5.30}$$

これは次式のように書ける．

$$\frac{\partial \rho\phi}{\partial t}V_P + \int \nabla \cdot (\rho\phi\boldsymbol{u})dV = \int \nabla \cdot (k\nabla\phi)dV + SV_P \tag{5.31}$$

ここで，$V_P$ は注目セルの体積である．時間微分は差分法で離散化するとして，空間微分の離散化について考える．

　発散を，ガウスの発散定理により次のように表す．

$$\int \nabla \cdot (\phi\boldsymbol{u})dV = \int (\phi\boldsymbol{u}) \cdot \boldsymbol{n}dS \approx \sum \phi_f \boldsymbol{u}_f \cdot \boldsymbol{S}_f \tag{5.32}$$

ここで，$n$ は領域表面の法線ベクトルを表す．$S_f$ はセルを構成するそれぞれの面について垂直で，それぞれの面積を大きさとしてもつベクトル (面積ベクトル) である．

ラプラシアンについても同様である．

$$\int \nabla \cdot (k\nabla\phi)dV = \int (k\nabla\phi) \cdot n dS \approx \sum k_f(\nabla\phi)_f \cdot S_f \tag{5.33}$$

勾配についても，同様の考え方で次のように表される．

$$\int \nabla\phi dV = \int \phi n dS \approx \sum \phi_f S_f \tag{5.34}$$

さて，ここで未知なのは $\phi_f$ や $(\nabla\phi)_f$ といった面中心の値である．これらの表し方で離散化の精度が決まる．これらの補間や離散化の方法のことを，補間スキーム (interpolation scheme) とか離散化スキーム (discretization scheme) などという．$\phi_f$ を次式で表す．

$$\phi_f = w\phi_P + (1-w)\phi_N \tag{5.35}$$

ここで $w$ は 重みで，線形補間を考えた場合，$w$ は $N$–$f$ 間の距離と $P$–$N$ 間の距離の比で表される．

$$w = \frac{|\boldsymbol{x}_f - \boldsymbol{x}_N|}{|\boldsymbol{x}_N - \boldsymbol{x}_P|} \tag{5.36}$$

線形補間は差分法でいうところの中心差分にあたり，対流項で使うには問題がある．対流項には，次の風上差分スキームなどを用いる．

$$\phi_f = \begin{cases} \phi_P & (\boldsymbol{u}_f \cdot \boldsymbol{S}_f \geq 0) \\ \phi_N & (\boldsymbol{u}_f \cdot \boldsymbol{S}_f < 0) \end{cases} \tag{5.37}$$

面中心の勾配 $(\nabla\phi)_f$ については，$(\nabla\phi)_f \cdot \boldsymbol{S}_f$ の形で面の法線方向の勾配として離散化する．

$$(\nabla\phi)_f \cdot \boldsymbol{S}_f = \frac{\phi_N - \phi_P}{|\boldsymbol{x}_N - \boldsymbol{x}_P|}|\boldsymbol{S}_f| \tag{5.38}$$

ただし，これは隣接するセルの中心間を結んだ線と面が直交している (orthogonal) 場合の式である．一般には直交しないため，OpenFOAM では補正が行われる．詳しくは Jasak の博士論文[14]を参照．

以上の方法で方程式 (5.29) を離散化すると，一般に次のような形で表せる．

$$A_P\phi_P + \sum A_N\phi_N = b \tag{5.39}$$

ここで $A_P$，$A_N$ は代数方程式の係数行列に相当するもの，$b$ は代数方程式の右辺に

相当するものである．これを全セルで合成すると，偏微分方程式に対応した代数方程式ができる．

## 5.4  圧力‒速度連成

### 5.4.1  圧力方程式    ☞ 4.7 節 (p.90)

運動方程式を半離散化すると，次式のように表される．

$$A_P \boldsymbol{u}_P + \sum A_N \boldsymbol{u}_N = -\nabla p \tag{5.40}$$

ここで $A$ は係数で，添字の $P$ は注目セルを，$N$ は注目セルの隣接セルを表す．

OpenFOAM では，右辺を除いて

$$A_P \boldsymbol{u}_P + \sum A_N \boldsymbol{u}_N = \boldsymbol{0} \tag{5.41}$$

として，これを次式のように表す．

$$A\boldsymbol{u} = \boldsymbol{H} \tag{5.42}$$

これより，運動方程式は

$$A\boldsymbol{u} = \boldsymbol{H} - \nabla p \tag{5.43}$$

速度は次のように書ける．

$$\boldsymbol{u} = \frac{\boldsymbol{H}}{A} - \frac{1}{A}\nabla p \tag{5.44}$$

これを連続の式 (5.1) に代入すると

$$\frac{\partial \rho}{\partial t} + \nabla \cdot \left( \frac{\rho}{A}\boldsymbol{H} - \frac{\rho}{A}\nabla p \right) = 0 \tag{5.45}$$

となる．したがって

$$\nabla \cdot \left( \frac{\rho}{A}\nabla p \right) = \frac{\partial \rho}{\partial t} + \nabla \cdot \left( \frac{\rho}{A}\boldsymbol{H} \right) \tag{5.46}$$

を得る．これを圧力方程式という．定常状態の場合は，右辺の時間微分項が省かれる．非圧縮性流体の場合は，次式のようになる．

$$\nabla \cdot \left( \frac{1}{A}\nabla p \right) = \nabla \cdot \left( \frac{\boldsymbol{H}}{A} \right) \tag{5.47}$$

圧力方程式を解いて得られた圧力から，式 (5.44) により新しい速度が求められる．

### 5.4.2 SIMPLE 法　☞ 4.8.1 項 (p.96)

OpenFOAM の定常解析ソルバーでは，圧力 – 速度連成手法として SIMPLE 法が用いられている．一般的である Patankar による形式[21]とは異なり，いくぶん単純である．計算手順は以下のとおりである．

1. 運動方程式 (5.43) を解き，仮の速度を求める．
2. 圧力方程式 (5.46) あるいは (5.47) を解き，圧力を求める．
3. 式 (5.44) により速度を更新する．

以上の手順を残差が小さくなるまで繰り返す．これをイテレーションループという．
上の手順でそのまま計算すると，圧力の計算が発散しがちなため，ふつうは速度と圧力の更新を緩和する不足緩和が用いられる．そのための不足緩和係数 (relaxation factor) は，問題に合わせてユーザーが調整する必要がある．

### 5.4.3 SIMPLEC 法　☞ 4.8.1 項 (p.96)

OpenFOAM では，SIMPLE 法の収束性を改善した SIMPLEC 法に対応したソルバーもある．SIMPLEC 法は，圧力方程式などの式が少し異なるだけで，アルゴリズムは SIMPLE 法と同じである．SIMPLE 法と異なり，不足緩和は必要ないとされているが，一般的には必要になることが多い．

### 5.4.4 PISO 法　☞ 4.8.2 項 (p.98)

OpenFOAM の非定常解析ソルバーの一部では，PISO 法が用いられている．Open-FOAM の形式では，計算手順は以下のとおりである．

1. 運動方程式 (5.43) を解き，仮の速度を求める．
2. 圧力方程式 (5.46) あるいは (5.47) を解き，圧力を求める．
3. 式 (5.44) により速度を更新する．
4. 上記の圧力の計算および速度の更新を指定回数だけ繰り返す (通常は 2 回)．これを圧力補正ループという．

以上の手順を必要な時間ステップ分繰り返す．

### 5.4.5 PIMPLE 法　☞ 4.8.3 項 (p.99)

OpenFOAM の非定常解析ソルバーでは，PISO 法と SIMPLE 法を組み合わせた "PIMPLE 法" が用いられている．これは，時間ステップの間に SIMPLE 法のループを入れたものである．

1. 運動方程式 (5.43) を解き，仮の速度を求める.
2. 圧力方程式 (5.46) あるいは (5.47) を解き，圧力を求める.
3. 式 (5.44) により速度を更新する.
4. 上記の圧力の計算および速度の更新を指定回数だけ繰り返す (通常は 2 回).
5. 以上の手順を残差が小さくなるまで繰り返す.

以上の手順を必要な時間ステップ分繰り返す.

### 5.4.6　圧力振動の回避

速度と圧力の値を同じ位置でもつコロケート格子 (co-located grid) では，単純な離散化方法だと圧力振動が起こることが知られている．これを避ける方法として，速度と圧力の値をもつ位置をずらしたスタッガード格子 (staggered grid) を用いる方法と，コロケート格子で Rhie-Chow 補間 (Rhie-Chow interpolation) [24] を用いる方法があり，OpenFOAM では後者の方法が採用されている.

圧力振動は，圧力勾配の離散化の方法から生じる．セル界面に補間された速度 $\boldsymbol{u}_f$ は，式 (5.44) から次式で表される.

$$\boldsymbol{u}_f = \left(\frac{H}{A}\right)_f - \left(\frac{1}{A}\nabla p\right)_f \tag{5.48}$$

Rhie と Chow の方法では，上式を次式のように修正する.

$$\boldsymbol{u}_f = \left(\frac{H}{A}\right)_f - \left(\frac{1}{A}\right)_f (\nabla p)_f \tag{5.49}$$

これにより新たな項が加えられたことになるが，その項が圧力振動を抑制するはたらきをする.

OpenFOAM では，上式を流束 $\phi$ として表現している．ここで流束 $\phi$ は，セル界面の面積ベクトルを $\boldsymbol{S}$ として，圧縮性流体ソルバーでは $\phi = \rho\boldsymbol{u}\cdot\boldsymbol{S}$，非圧縮性流体ソルバーでは $\phi = \boldsymbol{u}\cdot\boldsymbol{S}$ である．OpenFOAM のソルバーにおいて，運動方程式の構築に $\phi$ が用いられていたり，速度の更新とは別に $\phi$ が更新されていたりするのは，この Rhie と Chow による補間法を用いているためである.

## 5.5　代数方程式の解法

### 5.5.1　代数方程式の解法　☞ 4.7 節 (p.90)，5.4.1 項 (p.142)

偏微分方程式を有限体積法で離散化すると，次式のような代数方程式 (連立方程式) の形になる.

$$Ax = b \tag{5.50}$$

$A$ は係数行列，$b$ は右辺ベクトル，$x$ は解ベクトルである．代数方程式を数値的に解く手法は，係数行列の性質に応じて使い分けられる．係数行列についての重要な性質の一つは，係数行列が対称 (symmetric) であるかどうかである．対称性を利用できれば，計算時間や使用メモリ量を短縮できる可能性がある．圧力方程式のようなポアソン方程式の係数行列は対称，運動方程式のような対流項を含む方程式の係数行列は非対称である．

代数方程式を解く手法は，直接法 (direct method) と反復法 (iterative method) に分けられる．直接法は，連立方程式を手で解くときに用いるものと同じ系統の方法である．数値計算では LU 分解法や対称行列用の Cholesky 分解法などが用いられる．反復法は，反復計算によって $x$ を真の解に収束させていく方法である．Gauss–Seidel 法などの手法がある．

有限体積法による離散化により得られる係数行列は，一般に値が 0 の要素を多く含む疎行列 (sparse matrix) になる．この性質を利用できれば，計算上の使用メモリ量を大幅に減らすことができる．直接法では，計算の途中で値が 0 の要素が非 0 になる（これを fill-in という）ことがあるため，使用メモリ量をあまり減らすことができない．反復法では fill-in は関係ないため，非 0 要素だけを記憶すればよく，使用メモリ量を大幅に減らすことができる．このため，流体解析では反復法がよく用いられる．

流体解析では共役勾配 (conjugate gradient: CG) 法および双共役勾配 (bi-conjugate gradient: BiCG) 法（または，これを安定化した BiCGStab 法）が使われることが多い．CG 法は対称行列用の手法で，BiCG 法は非対称行列用に対応した手法である．CG 法は反復法の一種とされるが，反復計算の形式で表された直接法的な手法である．$n$ 元の方程式であれば，理論的には $n$ 回の反復で解が求められる．ふつうは反復回数を減らす手法が一緒に用いられ，これを前処理 (preconditioning) という．前処理手法 (preconditioner) としては，fill-in を無視した Cholesky 分解法や，LU 分解法である不完全 Cholesky 分解法，および不完全 LU 分解法が用いられる．不完全 Cholesky 分解付き CG 法は，ICCG (incomplete Cholesky conjugate gradient) 法とよばれることがある．OpenFOAM では，前処理付き CG 法/BiCG 法を一般化して PCG/PBiCG (preconditioned CG/BiCG) とよんでいる．

また，流体解析ではマルチグリッド (multigrid) 法（多重格子法）という手法も用いられる．Gauss–Seidel 法などの反復法は，計算格子が細かいほど収束が遅くなることが知られている．この性質を利用して，細かさを変えた複数の計算格子を用いて反復法の収束性を改善しようというのがマルチグリッド法での考え方である．格子を

直接処理せずに代数的に行う，代数的マルチグリッド (algebraic multigrid: AMG) 法もある．これに対して，格子を直接処理する手法は幾何学的マルチグリッド (geometric multigrid) 法とよばれる．OpenFOAM では，これらを一般化して GAMG (geometric-algebraic multigrid) とよんでいる．

### 5.5.2　計算の収束　☞ 4.7 節 (p.90)

代数方程式の残差 (residual) ベクトル $r$ を次式で定義する．

$$r = b - Ax \tag{5.51}$$

$x$ が真の解であれば $r = 0$ だが，数値計算では計算誤差が入り，$r$ は $0$ にはならない．反復法では $r$ がある程度 $0$ に近くなったら計算を打ち切り，そのときの $x$ を解として採用する．ベクトルでは判断しにくいので，残差ベクトルのノルムが残差として用いられる．OpenFOAM では，$L_1$ ノルム (各成分の絶対値の和) を正規化したものが用いられている．

残差が小さくなり解が求められることを収束 (convergence) という．収束の判定方法として 2 種類考えられる．残差がある値以下になった場合と，残差が初期残差に比べてある程度以下になった場合である．前者の判定値を (絶対) 許容値 (tolerance)，後者の判定値を相対許容値 (relative tolerance) とよぶ．

流体解析の方程式は一般に非線形であり，反復計算が用いられることが多い．その場合，代数方程式は線形化された方程式である．反復計算の途中の方程式であるため，きちんと解く必要はなく，ほどほどで計算を打ち切ればよい．非定常解析の場合は，それぞれの時間ステップで解を求める必要があるため，反復計算の最後の残差をそれなりに小さくする必要がある．OpenFOAM の非定常解析ソルバーの場合，反復計算中と反復計算最後とで代数方程式ソルバーの判定値を別々に設定することができるようになっており，反復計算の最後だけ計算をより厳密にすることができる．

SIMPLE 法などにおける反復計算の収束判定には，代数方程式を解く前の残差である初期残差が用いられる．つくられた方程式の残差が解くまでもないほど小さければ，それを解いて得られる解は十分に方程式を満たすと判断する．反復計算の収束判定にも許容値と相対許容値があり，相対許容値は非定常解析で用いられる．

## 5.6　離散化スキーム　☞ 4.6 節 (p.83)

離散化スキームについては，有限体積法の説明の中で簡単に述べた．数値解析の安定性や結果の精度に影響するため，本節で基本的なことを少し詳しく説明する．離散

化スキームはもともと差分法において開発されたものであるため，主に差分法における離散化スキームについて述べ，最後に有限体積法への適用について述べる．

### 5.6.1 差分近似

関数の微分を，有限個の点列上で表された変数による代数式で近似することを考える．関数 $\phi(x)$ を考え，これを $x + \Delta x$ でテーラー展開すると次式になる．

$$\phi(x + \Delta x) = \phi(x) + \frac{d\phi(x)}{dx}\Delta x + \cdots \tag{5.52}$$

展開を 2 項で打ち切ると，次式を得る．

$$\frac{d\phi(x)}{dx} \approx \frac{\phi(x + \Delta x) - \phi(x)}{\Delta x} \tag{5.53}$$

これを関数 $\phi(x)$ の微分の差分近似という．

ここで，点の座標をそれぞれ $x_1$, $x_2$, $\cdots$, $x_n$ と表す．これを格子点という．その中で注目している点を $x_i$ とし，その前の点を $x_{i+1}$，その後の点を $x_{i-1}$ などと表す（図 5.2）．点どうしの距離は $\Delta x$ とする．また，$\phi_i = \phi(x_i)$ と表す．$\phi_{i+1}$ でテーラー展開すると次式になる．

$$\phi_{i+1} = \phi_i + \frac{d\phi_i}{dx}\Delta x + O(\Delta x^2) \tag{5.54}$$

ここで，$O(\Delta x^2)$ をオーダーといい，だいたいこの程度の大きさ（ここではせいぜい $\Delta x^2$ くらい）という程度の意味である．テーラー展開を打ち切る場合，このオーダーが打ち切り誤差であり，近似精度を表す指標となる．上式を変形する．

$$\frac{d\phi_i}{dx} = \frac{\phi_{i+1} - \phi_i}{\Delta x} + O(\Delta x) \tag{5.55}$$

右辺第 2 項を無視して

$$\frac{d\phi_i}{dx} \approx \frac{\phi_{i+1} - \phi_i}{\Delta x} \tag{5.56}$$

とすると，ここで無視した $O(\Delta x)$ は $\Delta x$ の 1 乗のオーダーなので，この差分近似の精度は 1 次 (first-order) であるとか，1 次精度 (first-order accurate) であるという．この差分は $x_i$ の前の $x_{i+1}$ を使ったものなので，前進差分 (forward difference) という．同様に，後退差分 (backward difference) が次式で表される．

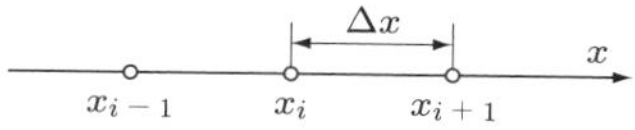

**図 5.2** 格子点

$$\frac{d\phi_i}{dx} \approx \frac{\phi_i - \phi_{i-1}}{\Delta x} \tag{5.57}$$

関数 $\phi(x)$ について，$\phi_{i+1}$，$\phi_{i-1}$ でそれぞれテーラー展開を行うと，次のようになる．

$$\phi_{i+1} = \phi_i + \frac{d\phi_i}{dx}\Delta x + \frac{1}{2}\frac{d^2\phi_i}{dx^2}\Delta x^2 + O(\Delta x^3)$$
$$\phi_{i-1} = \phi_i - \frac{d\phi_i}{dx}\Delta x + \frac{1}{2}\frac{d^2\phi_i}{dx^2}\Delta x^2 + O(\Delta x^3) \tag{5.58}$$

ここで，$\phi_{i+1} - \phi_{i-1}$ をとると

$$\frac{d\phi_i}{dx} = \frac{\phi_{i+1} - \phi_{i-1}}{2\Delta x} + O(\Delta x^2) \tag{5.59}$$

となり，これより次式を得る．

$$\frac{d\phi_i}{dx} \approx \frac{\phi_{i+1} - \phi_{i-1}}{2\Delta x} \tag{5.60}$$

これを中心差分 (central difference) といい，2 次精度である．

また，$\phi_{i+1} + \phi_{i-1}$ をとると

$$\phi_{i+1} = \phi_i + \frac{d\phi_i}{dx}\Delta x + \frac{1}{2}\frac{d^2\phi_i}{dx^2}\Delta x^2 + \frac{1}{6}\frac{d^3\phi_i}{dx^3} + O(\Delta x^4)$$
$$\phi_{i-1} = \phi_i - \frac{d\phi_i}{dx}\Delta x + \frac{1}{2}\frac{d^2\phi_i}{dx^2}\Delta x^2 - \frac{1}{6}\frac{d^3\phi_i}{dx^3} + O(\Delta x^4) \tag{5.61}$$

なので，3 階微分の項が打ち消されて

$$\phi_{i+1} + \phi_{i-1} = 2\phi_i + \frac{d^2\phi_i}{dx^2}\Delta x^2 + O(\Delta x^4) \tag{5.62}$$

となり，これより次式を得る．

$$\frac{d^2\phi_i}{dx^2} = \frac{\phi_{i+1} - 2\phi_i + \phi_{i-1}}{\Delta x^2} + O(\Delta x^2) \tag{5.63}$$

したがって

$$\frac{d^2\phi_i}{dx^2} \approx \frac{\phi_{i+1} - 2\phi_i + \phi_{i-1}}{\Delta x^2} \tag{5.64}$$

となり，これは 2 階微分の中心差分であり，2 次精度である．

## 5.6.2　風上差分　☞ 4.9.2 項 (p.104)

次の移流方程式を考える．

$$\frac{\partial \phi}{\partial t} + u\frac{\partial \phi}{\partial x} = 0 \tag{5.65}$$

ここで $u$ は移流速度で，特に断らない限り $u > 0$ とする．これを差分近似で表す．時間微分の項を前進差分，空間微分の項 (移流項) を中心差分で近似する．

$$\frac{\phi_i^{n+1} - \phi_i^n}{\Delta t} + u\frac{\phi_{i+1}^n - \phi_{i-1}^n}{2\Delta x} = 0 \tag{5.66}$$

ここで，変数の右肩の $n$ などは時間ステップを表す．変形して次のように表す．

$$\phi_i^{n+1} = \phi_i^n - \frac{1}{2}c(\phi_{i+1}^n - \phi_{i-1}^n) \tag{5.67}$$

ここで $c = u\Delta t/\Delta x$ であり，クーラン数 (Courant number) とよばれる．このように，$n+1$ の値を $n$ の変数だけで表すことができる方法を時間に関する陽解法 (explicit scheme) という．また，そうでないものを陰解法 (implicit scheme) という．陽解法は陰解法よりも計算が簡単になる代わりに，クーラン数についての安定条件があり，$|c| \leq 1$ である必要がある．この条件は CFL (Courant–Friedrich–Lewy) 条件とか，クーラン条件などとよばれる．これは，時間刻み幅 $\Delta t$ が制限されることを意味する．

上式は次のように表される．

$$\phi_i^{n+1} = -\frac{1}{2}c\phi_{i+1}^n + \phi_i^n + \frac{1}{2}c\phi_{i-1}^n \tag{5.68}$$

ここでは $u > 0$ を考えているので $c > 0$ であり，右辺第 1 項の係数が負になる．これは，もし $\phi > 0$ だとしても場合によっては $\phi_i^{n+1}$ の値が負になりうることを意味しており，数値的には不自然な振動として現れる．それでも問題がない場合もあるが，たとえば $\phi$ が絶対温度の場合は，物理的にあり得ない値を生じることになる．

この問題を回避する単純な方法として，空間微分に後退差分を適用する方法がある．

$$\frac{\phi_i^{n+1} - \phi_i^n}{\Delta t} + u\frac{\phi_i^n - \phi_{i-1}^n}{\Delta x} = 0 \tag{5.69}$$

変形して

$$\phi_i^{n+1} = \phi_i^n - c(\phi_i^n - \phi_{i-1}^n) \tag{5.70}$$

と表すと，この場合は

$$\phi_i^{n+1} = (1-c)\phi_i^n + c\phi_{i-1} \tag{5.71}$$

となり，$c > 0$ かつ CFL 条件により $c \leq 1$ なので，右辺の係数はすべて正になる．このように，移流項の離散化に後退差分を用いる方法を風上差分という．この名前は風上から値を補間することを意味しており，実際は流速 $u$ の正負を調べて補間方向を切

り替える．一般に，風上側に補間の重みをつける差分を風上差分 (upwind difference) あるいは上流差分 (upstream difference) とよぶ．

上式は，次式のように変形できる．

$$\phi_i^{n+1} = \phi_i^n - \frac{1}{2}c(\phi_{i+1}^n - \phi_{i-1}^n) + \frac{1}{2}c(\phi_{i+1}^n - 2\phi_i^n + \phi_{i-1}^n) \tag{5.72}$$

右辺第 2 項までは中心差分であり，第 3 項は空間の 2 階微分 (拡散を意味する) を離散化した形になっている．したがって，風上差分は中心差分に数値的な拡散を加えて安定化したものと考えることができる．それゆえ，解がなまることになる．

上記のように，方程式を差分近似して解く方法を有限差分法 (finite difference method, FDM)，あるいは単純に差分法という．また，方程式の離散化の方法のことを，差分法では差分スキームという．ここでは風上差分として後退差分を用いたので，1 次精度風上差分スキームという．

ここで見たように，移流項 (advection term) の離散化には特別な扱いが必要である．これは，運動方程式では $\nabla \cdot (\rho \boldsymbol{uu})$，一般化して $\nabla \cdot (\rho \phi \boldsymbol{u})$ のような形をした対流項 (convection term) の離散化に特別な扱いが必要であることを意味する．

### ■流束による表現

移流方程式は，次式のようにも離散化できる．

$$\frac{\phi_i^{n+1} - \phi_i^n}{\Delta t} + \frac{f_{i+1/2}^n - f_{i-1/2}^n}{\Delta x} = 0 \tag{5.73}$$

ここで，$f = u\phi$ は流束 (flux) であり，$i+1/2$ は $i$ と $i+1$ の間の位置 $x_{i+1/2} = x_i + \Delta x/2$ を意味する．これは，格子点を囲む格子を考えたときの格子界面の位置である．この差分は 2 次精度である．ここでは $u$ は一定なので，便宜上，次のように表す．

$$\frac{\phi_i^{n+1} - \phi_i^n}{\Delta t} + u\frac{\phi_{i+1/2}^n - \phi_{i-1/2}^n}{\Delta x} = 0 \tag{5.74}$$

整理すると，次のようになる．

$$\phi_i^{n+1} = \phi_i^n - c(\phi_{i+1/2}^n - \phi_{i-1/2}^n) \tag{5.75}$$

このように表現した場合，中心差分は以下のようになる．

$$\begin{aligned}\phi_{i+1/2} &= \frac{1}{2}(\phi_{i+1} + \phi_i)\\\phi_{i-1/2} &= \frac{1}{2}(\phi_i + \phi_{i-1})\end{aligned} \tag{5.76}$$

これは格子界面の値を格子点の値で線形補間することを意味している．

風上差分の場合は，次のようになる．

$$\phi_{i+1/2} = \phi_i$$
$$\phi_{i-1/2} = \phi_{i-1}$$
(5.77)

これは，格子界面の値を上流の格子点からそのままもってくることを意味している (図 5.3 の UD)．流速 $u$ の符号を考慮すると，次式のようになる．

$$\phi_{i+1/2} = \begin{cases} \phi_i & (u \geq 0) \\ \phi_{i+1} & (u < 0) \end{cases}$$
(5.78)

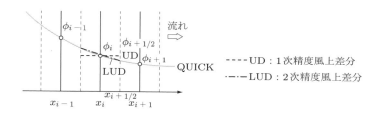

図 **5.3** 風上差分

### 5.6.3 高次精度風上差分
■線形風上差分 (2 次精度風上差分)

1 次精度風上差分では，格子界面の値として上流の値をそのままスライドしたが，それを線形補間する方法が考えられる (図 5.3 の LUD)．この方法を線形風上差分 (linear upwind difference) といい，2 次精度である．

$$\phi_{i+1/2} = \phi_i + \frac{\partial \phi_i}{\partial x}(x_{i+1/2} - x_i) = \phi_i + \frac{\phi_i - \phi_{i-1}}{\Delta x}\frac{\Delta x}{2}$$
$$= \phi_i + \frac{1}{2}(\phi_i - \phi_{i-1})$$
(5.79)

流速 $u$ の正負を考慮すると，次のようになる．

$$\phi_{i+1/2} = \begin{cases} \phi_i + \dfrac{1}{2}(\phi_i - \phi_{i-1}) & (u \geq 0) \\ \phi_{i+1} + \dfrac{1}{2}(\phi_{i+1} - \phi_{i+2}) & (u < 0) \end{cases}$$
(5.80)

このスキームは，2 次精度風上差分とよばれることが多い．

## ■ QUICK

QUICK (quadratic upstream interpolation for convective kinematics) [15] は，2 次多項式を構成して格子界面の値を補間する (図 5.3)．次式を考える．

$$\phi(x) = a_0 + a_1(x - x_i) + a_2(x - x_i)^2 \tag{5.81}$$

係数 $a_0$，$a_1$，$a_2$ を $\phi_{i-1}$，$\phi_i$，$\phi_{i+1}$ を使って求め，$\phi_{i+1/2}$ を求める．最終的に次式が得られる．

$$\phi_{i+1/2} = \frac{1}{8}(3\phi_{i+1} + 6\phi_i - \phi_{i-1}) \tag{5.82}$$

この式は，次式のように表すことができる．

$$\phi_{i+1/2} = \frac{1}{2}(\phi_i + \phi_{i+1}) - \frac{1}{8}(\phi_{i+1} - 2\phi_i + \phi_{i-1}) \tag{5.83}$$

これは，中心差分に修正項が付加されたものであることを意味している．

流速 $u$ の正負を考慮すると，次のようになる．

$$\phi_{i+1/2} = \begin{cases} \dfrac{1}{8}(3\phi_{i+1} + 6\phi_i - \phi_{i-1}) & (u \geq 0) \\ \dfrac{1}{8}(3\phi_i + 6\phi_{i+1} - \phi_{i+2}) & (u < 0) \end{cases} \tag{5.84}$$

補間自体は 3 次精度であるが，差分としては 2 次精度になる．

### 5.6.4 単調性を保つ高次精度風上差分スキーム

#### ■有界性と単調性

離散化スキームについて，物理量の有界性や単調性が問題になる．物理量が増減せずに移流するだけの場合，物理量は初期値の最小値と最大値の範囲内にある．これを有界性 (boundedness) といい，有界性を性質としてもつとき，有界である (bounded) という．定常の現象の場合も同様で，発熱や冷却のない熱伝導問題では，領域内の温度は境界の温度の最小値と最大値の間にある．このような問題に対して有界性をもたない離散化スキームを用いた場合，非物理的な解を生じる可能性がある．

単調性 (monotonicity) は物理量がオーバーシュートやアンダーシュートなどの振動を起こさない性質で，これをもつとき，単調である (monotone) という．単調であるときは振動が起こらず，有界性を破らないので，有界であると考えてよい．

有界性は計算の安定性と関連付けられ，両者はほぼ同じ意味で使われることがある．中心差分は単調でなく，有界でもない．1 次精度風上差分は単調で，有界である．一般に，単純な高次精度差分スキームは単調でない．

## ■高解像度スキーム

移流をきれいに解きたい場合，高解像度のスキームが必要になる．まず，高精度なものが必要になるが，一般に高次精度差分スキームは解に振動を生じる．一方で，振動を抑えられる1次精度風上差分では解が減衰してしまう．では，この両者を組み合わせたらどうか．一定の割合で混合するのではなく，必要に応じて両者を切り替えれば，平均的に高精度で有界なスキームを構成できる．

このような考えのもとに構成されたものとして，TVD スキームがある．

## ■ TVD スキーム

TVD スキーム[16,17]は，単調性を保つために全変動 (total variation: TV) という量を用いる．TV は次式で定義される．

$$\mathrm{TV}(\phi^n) = \sum_i |\phi_{i+1}^n - \phi_i^n| \tag{5.85}$$

これは隣どうしの格子点の値の変化の総和であり，全体的な値の凸凹具合を表している．ある形の分布が増減なしで移流するとき，本来は形を変えないので，全体的な値の凸凹具合は変わらないはずであり，少なくとも増えることはないはずである．したがって，単調性を維持する条件として以下の条件が考えられる．

$$\mathrm{TV}(\phi^{n+1}) \leq \mathrm{TV}(\phi^n) \tag{5.86}$$

これを TVD (total variation diminishing) 条件という．この条件を満たすスキームを，TVD スキームとよぶ．

格子界面の値について，1次風上差分による値を $\phi_{\mathrm{UD}}$，中心差分による値を $\phi_{\mathrm{CD}}$ として，次式のように構成する．

$$\phi_{i+1/2} = \phi_{\mathrm{UD}} + \psi(\phi_{\mathrm{CD}} - \phi_{\mathrm{UD}}) \tag{5.87}$$

整理すると，次式になる．

$$\phi_{i+1/2} = \phi_i + \frac{1}{2}\psi(\phi_{i+1} - \phi_i) \tag{5.88}$$

ここで，$\psi$ はスキームを調整する関数で，流束制限関数 (flux limiter function) とよばれる．これを何の関数にするかが問題だが，ここでは，解の振動を抑えつつ減衰も抑えたい．また，解の変化が大きいところだけで減衰が効けばよいので，解の変化を検出できればよい．解の変化の大きさを測るパラメタとして，連続する格子点の値の変化の比 (consecutive gradient) $r_i$ を考える．

$$r_i = \frac{\Delta\phi_{i-1/2}}{\Delta\phi_{i+1/2}} \tag{5.89}$$

$\psi$ はこの $r_i$ の関数とする.

スキームが TVD 条件を満たすための $\psi(r)$ の条件を求めると，以下のようになる.

$$\begin{cases} \psi(r) = 0 & (r \le 0) \\ \psi(r) \le 2r & (0 < r < 1) \\ \psi(r) \le 2 & (r \ge 1) \end{cases} \tag{5.90}$$

1 次精度風上差分，中心差分，2 次精度風上差分，QUICK をそれぞれ制限関数の形で次のように表すことができる.

**1 次精度風上差分** $\qquad\qquad \psi(r) = 0 \tag{5.91}$

**中心差分** $\qquad\qquad\qquad \psi(r) = 1 \tag{5.92}$

**2 次精度風上差分** $\qquad\qquad \psi(r) = r \tag{5.93}$

**QUICK** $\qquad\qquad\qquad \psi(r) = \dfrac{3 + r}{4} \tag{5.94}$

1 次精度風上差分は TVD 条件を満たすが，中心差分，2 次精度風上差分，QUICK は部分的にしか満たさない (図 5.4).

任意の 2 次精度差分スキームを中心差分と 2 次精度風上差分の混合で表すと，2 次精度 TVD スキームの領域を限定することができる.

さまざまな制限関数が提案されている. 以下に，代表的なものを挙げる[18].

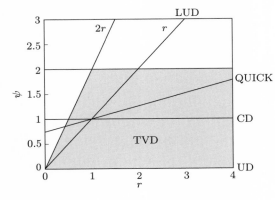

**図 5.4** TVD 条件

**minmod** $$\psi(r) = \max(0, \min(r, 1)) \tag{5.95}$$

**superbee** $$\psi(r) = \max(0, \min(2r, 1), \min(r, 2)) \tag{5.96}$$

**van Leer** $$\psi(r) = \frac{r + |r|}{1 + r} \tag{5.97}$$

**van Albada** $$\psi(r) = \frac{r + r^2}{1 + r^2} \tag{5.98}$$

**UMIST** $$\psi(r) = \max\left(0, \min\left(2r, \frac{1 + 3r}{4}, \frac{3 + r}{4}, 2\right)\right) \tag{5.99}$$

**MUSCL**[19] $$\psi(r) = \max\left(0, \min\left(2r, \frac{1 + r}{2}, 2\right)\right) \tag{5.100}$$

ここで，$\min(a, b, \dots)$ は引数のうちで最小の値をとり，$\max(a, b, \dots)$ は引数のうちで最大の値をとる．上記はすべて TVD 条件を満たし，2 次精度である (図 5.5)．minmod は 2 次精度領域の下限を与え，superbee は上限を与える．

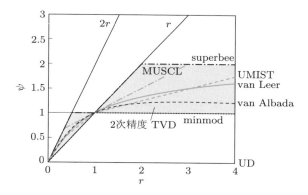

**図 5.5** 2 次精度 TVD スキーム

OpenFOAM では，次のような単純な制限付き線形差分スキーム (limited linear difference scheme) が用意されている．

$$\psi(r) = \max\left(0, \min\left(\frac{2}{k}r, 1\right)\right) \tag{5.101}$$

$k$ は 0 から 1 の間の値をとるパラメタで，$k$ が小さいほど中心差分スキームに近づき，$k$ が大きいほど TVD スキームに近づく．$k = 1$ で TVD 条件を満たす．

**■勾配制限**

高次精度スキームの数値振動を抑制する方法として，勾配を制限するという考え方

もある. たとえば, 線形風上差分は勾配制限関数 (slope limiter) $\psi_f$ を用いて以下のように書ける.

$$\phi_{i+1/2} = \phi_i + \psi_f \left(\frac{\partial \phi}{\partial x}\right)_i (x_{i+1/2} - x_i) \tag{5.102}$$

勾配制限関数はいくつか提案されているが, Barth and Jespersen の方法[20] がベースになっている. これは, $\phi_{i+1/2}$ が次式を満たすようにするものである.

$$\min(\phi_i, \phi_{i+1}) \leq \phi_{i+1/2} \leq \max(\phi_i, \phi_{i+1}) \tag{5.103}$$

要するに, 格子界面の値が両側の格子点の値を超えないようにするということである. 制限関数を用いると

$$\min(\phi_i, \phi_{i+1}) \leq \phi_i + \psi_f \left(\frac{\partial \phi}{\partial x}\right)_i (x_{i+1/2} - x_i) \leq \max(\phi_i, \phi_{i+1}) \tag{5.104}$$

となり, 上式から $\phi_i$ を引いて

$$\min(0, \phi_{i+1} - \phi_i) \leq \psi_f \left(\frac{\partial \phi}{\partial x}\right)_i (x_{i+1/2} - x_i) \leq \max(0, \phi_{i+1} - \phi_i) \tag{5.105}$$

が得られる. ここで, 勾配制限を用いない格子界面の値を $\phi_{i+1/2}^*$ とすると

$$\phi_{i+1/2}^* - \phi_i = \left(\frac{\partial \phi}{\partial x}\right)_i (x_{i+1/2} - x_i) \tag{5.106}$$

と書けるので

$$\frac{\min(0, \phi_{i+1} - \phi_i)}{\phi_{i+1/2}^* - \phi_i} \leq \psi_f \leq \frac{\max(0, \phi_{i+1} - \phi_i)}{\phi_{i+1/2}^* - \phi_i} \tag{5.107}$$

である. また,

$$\begin{cases} \delta\phi^{\max} = \max(0, \phi_{i+1} - \phi_i) \\ \delta\phi^{\min} = \min(0, \phi_{i+1} - \phi_i) \end{cases} \tag{5.108}$$

とすると, $\psi_f$ は 1 を超えないものとして, 次式が得られる.

$$\psi_f = \begin{cases} \min\left(1, \dfrac{\delta\phi^{\max}}{\phi_{i+1/2}^* - \phi_i}\right) & \phi_{i+1/2}^* > \phi_i \\[3mm] \min\left(1, \dfrac{\delta\phi^{\min}}{\phi_{i+1/2}^* - \phi_i}\right) & \phi_{i+1/2}^* < \phi_i \\[3mm] 1 & \phi_{i+1/2}^* = \phi_i \end{cases} \tag{5.109}$$

これを格子界面ごとに計算して，その最小値を格子点勾配の制限関数とする．

制限関数は界面ごとに計算するが，求めたいものは格子点についての制限関数である．したがって，格子点のすべての隣接格子点の値を考慮して制限関数を求める方法も考えられる．格子点 $i$ の界面 $j$ に面する隣接格子点の値を $\phi_{ij}$ と書くことにすると，$\delta\phi^{\max}$，$\delta\phi^{\min}$ を次のように決めることもできる．

$$\begin{cases} \delta\phi^{\max} = \max(0, \max_j(\phi_{ij} - \phi_i)) \\ \delta\phi^{\min} = \min(0, \min_j(\phi_{ij} - \phi_i)) \end{cases} \tag{5.110}$$

ここで $\max_j$，$\min_j$ は格子点 $i$ のすべての界面についての最大値および最小値を求める関数である．

### 5.6.5　有限体積法における風上差分スキーム

これまでは差分法の離散化スキームについて考えてきたが，ここでは有限体積法における離散化スキームについて考える．有限体積法ではセルの面の値を補間する必要があり，これまで述べてきた格子界面の値の考え方を使うことができる．以下では，3次元の非構造メッシュを想定し，注目セル，隣接セル，注目セルと隣接セルに挟まれた面をそれぞれ $P$，$N$，$f$ で表し，それぞれの中心位置を $\boldsymbol{x}_P$，$\boldsymbol{x}_N$，$\boldsymbol{x}_f$，それぞれの位置での値を $\phi_P$，$\phi_N$，$\phi_f$ などと表す (図 5.1)．

#### ■中心差分

有限体積法において差分法の中心差分にあたるものは，次の線形補間である．

$$\phi_f = w\phi_P + (1-w)\phi_N \tag{5.111}$$

ここで $w$ は重みで，$N$–$f$ 間の距離と $P$–$N$ 間の距離の比で表される．

$$w = \frac{|\boldsymbol{x}_f - \boldsymbol{x}_N|}{|\boldsymbol{x}_N - \boldsymbol{x}_P|} \tag{5.112}$$

#### ■1 次精度風上差分

1 次精度風上差分では，面中心の値を風上側からもってくる．

$$\phi_f = \begin{cases} \phi_P & (\boldsymbol{u} \cdot \boldsymbol{S}_f > 0) \\ \phi_N & (\boldsymbol{u} \cdot \boldsymbol{S}_f < 0) \end{cases} \tag{5.113}$$

ここで，$\boldsymbol{S}_f$ は面の法線方向ベクトルである．

■線形風上差分

線形風上差分は，次式のように表現できる．

$$\phi_f = \begin{cases} \phi_P + (\nabla\phi)_P \cdot (\boldsymbol{x}_f - \boldsymbol{x}_P) & (\boldsymbol{u} \cdot \boldsymbol{S}_f > 0) \\ \phi_N + (\nabla\phi)_N \cdot (\boldsymbol{x}_f - \boldsymbol{x}_N) & (\boldsymbol{u} \cdot \boldsymbol{S}_f < 0) \end{cases} \qquad (5.114)$$

■TVD スキーム

TVD スキームは，1 次風上差分による値を $\phi_{\mathrm{UD}}$，中心差分による値を $\phi_{\mathrm{CD}}$ とすると，次式のように表される．

$$\phi_f = \phi_{\mathrm{UD}} + \psi(\phi_{\mathrm{CD}} - \phi_{\mathrm{UD}}) \qquad (5.115)$$

$r$ の計算には格子点が三つ必要になるが，非構造メッシュでは一般に面を挟んだ二つのセル値を考え，三つのセル値は扱いにくいため，計算には工夫が必要である．

## 5.7　乱流モデル　☞ 4.4 節 (p.67), 5.1.7 項 (p.137)

乱流現象の解析には，乱流モデルというものが用いられる．本節では，乱流モデルについて概説する．

### 5.7.1　層流と乱流

水道の蛇口を少しだけ開くと，なめらかな水の筋ができる．蛇口を大きく開いていくと，表面の荒れた流れになる．あるいは，タバコや線香から立ち上る煙は，周りの空気を動かさないようにそっとしておけば，真上に向かってきれいな層をつくる．周りの空気を動かすと，煙は無数の渦をつくり，複雑な模様を描く．落ち着いていてきれいな様相を示す流れを層流 (laminar flow) といい，乱れて複雑な様相を示す流れを乱流 (turbulence) という．

層流と乱流を区別するパラメタとして，レイノルズ数 (Reynolds number) がある．レイノルズ数 $Re$ は，代表速度を $U$，代表長さを $L$，流体の密度を $\rho$，粘性係数を $\mu$，動粘性係数を $\nu$ とすると，次式で定義される．

$$Re = \frac{\rho U L}{\mu} = \frac{UL}{\nu} \qquad (5.116)$$

流速を大きくしていくとレイノルズ数は大きくなっていき，あるところで乱流状態になる．乱流状態になるときのレイノルズ数を，臨界レイノルズ数という．臨界レイノルズ数の値は流れによるが，一般に，レイノルズ数が 1000 のオーダー以上であれば乱流と見なすことができる．

### 5.7.2 レイノルズ平均ナビエ－ストークス方程式
#### ■レイノルズ平均ナビエ－ストークス方程式

乱流は，大小の渦 (eddy) の非定常な生成・消滅が生じる複雑な流れであるが，エンジニアリングにおいて興味があるのは，その平均的な挙動である．そのため，乱流の情報を得るために，乱流の支配方程式に対して平均化が施される．

乱流の挙動はきわめて複雑であるが，近年の数値計算による検証により，乱流現象も層流と同様に，ナビエ－ストークス方程式で表現できると考えられている．非圧縮性流体を考えると，ナビエ－ストークス方程式は次式で表される．

$$\frac{\partial \boldsymbol{u}}{\partial t} + \nabla \cdot (\boldsymbol{u}\boldsymbol{u}) = -\nabla p + \nabla \cdot (2\nu D) \tag{5.117}$$

ここで，$\boldsymbol{u}$ は速度，$p$ は密度で割られた圧力である．$D$ は速度勾配の対称部分で，次式で表される．

$$D = \frac{1}{2} \left\{ \nabla \boldsymbol{u} + (\nabla \boldsymbol{u})^T \right\} \tag{5.118}$$

また，連続の式は次のようになる．

$$\nabla \cdot \boldsymbol{u} = 0 \tag{5.119}$$

さて，ナビエ－ストークス方程式の平均化を考える．平均化の方法として，時間平均やアンサンブル平均 (個数平均) などが考えられる．ここでは，アンサンブル平均を考える．速度 $\boldsymbol{u}$ の平均 $\bar{\boldsymbol{u}}$ を次式で定義する．

$$\bar{\boldsymbol{u}} = \frac{1}{n} \sum_{i}^{n} \boldsymbol{u}_i \tag{5.120}$$

ここで，$n$ は個数である．$n$ 回実験を行い，その平均をとるイメージである．速度 $\boldsymbol{u}$ は平均 $\bar{\boldsymbol{u}}$ と変動成分 $\boldsymbol{u}'$ に分けられる．

$$\boldsymbol{u} = \bar{\boldsymbol{u}} + \boldsymbol{u}' \tag{5.121}$$

これをレイノルズ分解という．アンサンブル平均には，次のような性質がある．

$$\begin{aligned}
\bar{\bar{\boldsymbol{u}}} &= \bar{\boldsymbol{u}} \\
\overline{\bar{\boldsymbol{u}}\bar{\boldsymbol{u}}} &= \bar{\boldsymbol{u}}\bar{\boldsymbol{u}} \\
\overline{\boldsymbol{u}'} &= \overline{\bar{\boldsymbol{u}}\boldsymbol{u}'} = \overline{\boldsymbol{u}'\bar{\boldsymbol{u}}} = \overline{\boldsymbol{u}'\overline{\boldsymbol{u}'\boldsymbol{u}'}} = 0 \\
\overline{\boldsymbol{u}'\boldsymbol{u}'} &\neq 0
\end{aligned} \tag{5.122}$$

このような性質をもつ平均を，レイノルズ平均 (Reynolds averaging) という．

連続の式の平均化を考える．レイノルズ分解により

$$\nabla \cdot \bar{\boldsymbol{u}} + \nabla \cdot \boldsymbol{u}' = 0 \tag{5.123}$$

となり，これにレイノルズ平均を適用すると

$$\nabla \cdot \bar{\boldsymbol{u}} = 0 \tag{5.124}$$

となる．これより次式を得る．

$$\nabla \cdot \boldsymbol{u}' = 0 \tag{5.125}$$

ナビエ–ストークス方程式の平均化を考える．まず，ナビエ–ストークス方程式にレイノルズ分解を適用する．

$$\frac{\partial \bar{\boldsymbol{u}}}{\partial t} + \frac{\partial \boldsymbol{u}'}{\partial t} + \nabla \cdot (\bar{\boldsymbol{u}}\bar{\boldsymbol{u}} + \bar{\boldsymbol{u}}\boldsymbol{u}' + \boldsymbol{u}'\bar{\boldsymbol{u}} + \boldsymbol{u}'\boldsymbol{u}')$$
$$= -\nabla \bar{p} - \nabla p' + \nabla \cdot (2\nu \bar{D}) + \nabla \cdot (2\nu D') \tag{5.126}$$

両辺にレイノルズ平均を適用すると，次式を得る．

$$\frac{\partial \bar{\boldsymbol{u}}}{\partial t} + \nabla \cdot (\bar{\boldsymbol{u}}\bar{\boldsymbol{u}}) = -\nabla \bar{p} + \nabla \cdot (2\nu \bar{D} - \overline{\boldsymbol{u}'\boldsymbol{u}'}) \tag{5.127}$$

もとの式と比較すると，速度や圧力などが平均値に置き換わったのに加え，$\overline{\boldsymbol{u}'\boldsymbol{u}'}$ の項が加わった形になっている．この項は密度をかけると応力の単位になるため，レイノルズ応力 (Reynolds stress) とよばれる．また，二つの速度の変動成分の積の形をしているので，2 次相関，2 重相関，2 次モーメントなどとよばれる．レイノルズ平均化されたナビエ–ストークス方程式のことを，レイノルズ平均ナビエ–ストークス (Reynolds-Averaged Navier–Stokes: RANS) 方程式という．

### ■レイノルズ応力輸送方程式

レイノルズ応力が不明なため，レイノルズ応力の輸送方程式を求めてみる．式 (5.126) と式 (5.127) の差をとると，次式を得る．

$$\frac{\partial \boldsymbol{u}'}{\partial t} + \nabla \cdot (\boldsymbol{u}'\bar{\boldsymbol{u}}) = -\nabla p' + \nabla \cdot (2\nu D' + \overline{\boldsymbol{u}'\boldsymbol{u}'} - \bar{\boldsymbol{u}}\boldsymbol{u}' - \boldsymbol{u}'\boldsymbol{u}') \tag{5.128}$$

これを添字表記 (総和規約を用いる) で表すと

$$\frac{\partial u'_i}{\partial t} + \frac{\partial}{\partial x_k}(u'_i \bar{u}_k) = -\frac{\partial}{\partial x_i}p' + \frac{\partial}{\partial x_k}(2\nu D'_{ik} + \overline{u'_i u'_k} - \bar{u}_i u'_k - u'_i u'_k) \tag{5.129}$$

となり，これより $u'_i \dfrac{\partial u'_j}{\partial t} + u'_j \dfrac{\partial u'_i}{\partial t}$ を構成し，両辺に対してレイノルズ平均を適用す

ると，次式を得る.

$$\frac{\partial}{\partial t}(R_{ij}) + \frac{\partial}{\partial x_k}(R_{ij}\bar{u}_k) = P_{ij} + \Pi_{ij} - \varepsilon_{ij} + \frac{\partial}{\partial x_k}(J_{ijk}^T + J_{ijk}^P + J_{ijk}^V) \quad (5.130)$$

ここで，$R_{ij} = \overline{u_i'u_j'}$ はレイノルズ応力，$P_{ij}$ は生成項

$$P_{ij} = -R_{ik}\frac{\partial \bar{u}_j}{\partial x_k} - R_{jk}\frac{\partial \bar{u}_i}{\partial x_k} \quad (5.131)$$

$\Pi_{ij}$ は圧力 – ひずみ相関項

$$\Pi_{ij} = \overline{p'\left(\frac{\partial u_i'}{\partial x_j} + \frac{\partial u_j'}{\partial x_i}\right)} \quad (5.132)$$

$\varepsilon_{ij}$ は散逸項

$$\varepsilon_{ij} = 2\nu\overline{\frac{\partial u_i'}{\partial x_k}\frac{\partial u_j'}{\partial x_k}} \quad (5.133)$$

$J_{ijk}^T$, $J_{ijk}^P$, $J_{ijk}^V$ はそれぞれ速度変動，圧力変動，粘性による拡散流束である.

$$\begin{aligned} J_{ijk}^T &= -\overline{u_i'u_j'u_k'} \\ J_{ijk}^P &= -(\overline{p'u_i'}\delta_{jk} + \overline{p'u_j'}\delta_{ik}) \\ J_{ijk}^V &= \nu\frac{\partial R_{ij}}{\partial x_k} \end{aligned} \quad (5.134)$$

2 次相関 $\overline{u_i'u_j'}$ を求めるために式 (5.130) を導いたが，新たに 3 次相関 $\overline{u_i'u_j'u_k'}$ の項が現れている．さらに，3 次相関の方程式を導いても 4 次相関の項が生じ，どこまでやっても終わらないため，どこかでモデル化を行う必要がある.

## ■乱流エネルギー輸送方程式

乱流エネルギー (turbulent energy) を $k = \overline{u_i'u_i'}/2$ として定義すると，式 (5.130) の縮約から，次式の乱流エネルギーの輸送方程式が得られる.

$$\frac{\partial k}{\partial t} + \frac{\partial k\bar{u}_j}{\partial x_j} = P_k - \varepsilon + \frac{\partial}{\partial x_j}(J_j^{Tk} + J_j^{Pk} + J_j^{Vk}) \quad (5.135)$$

ここで，$P_k$ は乱流エネルギー生成項

$$P_k = -R_{ij}\frac{\partial \bar{u}_i}{\partial x_j} \quad (5.136)$$

$\varepsilon$ はエネルギー散逸率 (dissipation rate)

$$\varepsilon = \nu\overline{\frac{\partial u_i'}{\partial x_j}\frac{\partial u_i'}{\partial x_j}} \quad (5.137)$$

$J_j^{Tk}$, $J_j^{Pk}$, $J_j^{Vk}$ はそれぞれ速度変動，圧力変動，粘性による拡散流束で

$$J_j^{Tk} = -\frac{1}{2}\overline{u_i' u_i' u_j'}$$
$$J_j^{Pk} = -\overline{p' u_j'}$$
$$J_j^{Vk} = \nu \frac{\partial k}{\partial x_j}$$

(5.138)

である．式 (5.135) においては，式 (5.130) にあった圧力 – ひずみ相関項に関する項が消えている．この項は，速度変動の大きさには影響せず，速度変動の各方向成分への分配に寄与する．

### ■運動エネルギー輸送方程式

　同様にして，平均流の運動エネルギーの輸送方程式を求める．平均流の運動エネルギーを $K = \bar{u}_i \bar{u}_i / 2$ として，平均流の運動エネルギーの輸送方程式は次式で表される．

$$\frac{\partial K}{\partial t} + \frac{\partial K \bar{u}_j}{\partial x_j} = -P_k - \nu \frac{\partial \bar{u}_i}{\partial x_j}\frac{\partial \bar{u}_i}{\partial x_j} + \frac{\partial}{\partial x_j}(-\bar{u}_i R_{ij} - \bar{p}\bar{u}_i \delta_{ij} + \nu K)$$

(5.139)

乱流エネルギー生成項 $P_k$ が，負の符号とともに現れている．上式を領域で積分すると，右辺の拡散項は表面積分に変換できる．これは，領域表面から流入してきたエネルギーが，$P_k$ を通して流れの乱れ成分に伝達されることを意味している．式 (5.135) によると，乱流エネルギーは，エネルギー散逸率 $\varepsilon$ の形で表された分子粘性の効果により散逸する．したがって，式 (5.127) においてレイノルズ応力の形で散逸しているように見えるエネルギーは，実際には大きなスケールの流れから小さなスケールの流れに受け渡され，分子粘性によって散逸していることになる．

　乱流の統計理論により，乱流現象は次のように描像される．外部からのエネルギーは大きな渦に受け渡される．大きな渦は小さな渦に分裂していき，エネルギーは大き

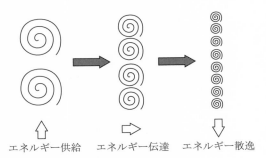

図 5.6　エネルギーカスケード

な渦から小さな渦へと受け渡されていく．渦は最終的に分子粘性により消滅し，エネルギーは熱として散逸する．この過程はエネルギーカスケード (energy cascade) とよばれる (図 5.6)．

### 5.7.3 渦の散逸スケール

エネルギーカスケードの考え方から，渦のスケールには，大きなスケールにおけるエネルギーを保有した領域 (エネルギー保有領域) と，小さなスケールにおけるエネルギーが散逸する領域 (散逸領域) があり，それらの間にエネルギーが通過するのみである領域 (慣性小領域) があると考えられる．慣性小領域における渦の性質は数学的に見積もることができ，その極限として，散逸領域における空間スケールを次式で見積もることができる．

$$\ell_D = \left(\frac{\nu^3}{\varepsilon}\right)^{1/4} \tag{5.140}$$

$\ell_D$ は渦の散逸スケールで，コルモゴロフスケールとよばれる．

渦の散逸スケール $\ell_D$ を，平均流のスケールとの関連で見積もってみよう．流れ場の代表長さを $L$，代表速度を $U$ とすると，次元解析より，$\varepsilon$ は次式で表すことができる．

$$\varepsilon = \frac{U^3}{L} \tag{5.141}$$

これより，$\ell_D/L$ は次式で表される．

$$\frac{\ell_D}{L} = Re^{-3/4} \tag{5.142}$$

たとえば，水道の流れを考えてみよう．$\nu = 10^{-6}$ [m²/s]，$U = 1$ [m/s]，$L = 0.01$ [m] とすると，$Re = 10^4$ なので，$\ell_D = 10^{-5}$ [m] である．渦の散逸がきわめて小さなスケールで起こることがわかる．乱流の数値解析の観点から見ると，計算格子幅を散逸スケール程度にした場合，$x$ 方向の分割数 $N_x$ は次式で見積もられる．

$$N_x = \frac{L}{\ell_D} = Re^{3/4} \tag{5.143}$$

3 方向で考えると，格子数 $N$ は

$$N = N_x N_y N_z = Re^{9/4} \tag{5.144}$$

となる．上で挙げた例の場合，必要な格子数は $10^9$ (10 億) となる．比較的遅い流れでこの程度であるので，一般的な乱流ではさらに多くの格子数が必要になる．日常的なエンジニアリングで用いられる格子数が，現状数百万から多くて数千万程度である

ことを考えると，乱流をまともに計算することは現実的ではない．したがって，何らかのモデル化が必要である．

### 5.7.4 乱流モデル

　エンジニアリングにおいて乱流の数値解析を行う場合，乱流をモデル化した乱流モデル (turbulence model) が用いられる．それに対し，乱流モデルを用いない計算は直接数値シミュレーション (direct numerical simulation: DNS) とよばれ，主に研究目的で実施される．

　乱流モデルには，レイノルズ平均を用いるものと，空間平均を用いるものがある．レイノルズ平均を用いるモデルはレイノルズ平均モデルあるいは RANS モデルとよばれ，モデル化の種類として RANS 方程式のレイノルズ応力をモデル化するものと，レイノルズ応力輸送方程式をモデル化するものがある．一方，空間平均を用いるものとしては，ラージエディシミュレーション (large eddy simulation: LES) がある．

　RANS モデルは，大きなスケールの乱れをモデル化するため，モデル化のために参照した解析対象の条件も含めてモデル化されていると考えられ，汎用的なものにはなりにくい．したがって，解析対象に合わせてさまざまなモデルが提案されている．レイノルズ平均の性質上，定常計算や 2 次元計算が可能であり，利用の手軽さからエンジニアリングにおいて多用されるが，流れの詳細な非定常性の再現には向かない．

　一方，LES は，大きな渦は直接計算し，流れ場に依存しない普遍的な性質をもつとされる慣性小領域以下のスケールの小さな渦のみをモデル化しており，比較的汎用性のあるモデルと考えられている．しかし，格子幅を慣性小領域に設定しなければならないため格子数が多くなり，また，常に 3 次元の非定常計算になるため，多くの計算リソースが必要である．近年の計算機の性能向上のため実用例は増えてきているが，いまだ日常的な利用には厳しいところがある．

### 5.7.5 渦粘性モデル

　RANS 方程式のレイノルズ応力のモデル化を考える．分子粘性による応力とのアナロジーから，レイノルズ応力 $R_{ij}$ を次式のように表す．

$$-R_{ij} = -\overline{u_i' u_j'} = 2\nu_t \bar{D}_{ij} - \frac{2}{3} k \delta_{ij} \tag{5.145}$$

ここで，$k$ は乱流エネルギーである．右辺第 2 項は，$k = \overline{u_i' u_i'}/2$ を満たすためのものである．$\nu_t$ は渦粘性係数 (eddy viscosity) あるいは乱流粘性係数 (turbulent viscosity) とよばれる．レイノルズ応力を渦粘性で表現するということで，上のモデルをベースにした乱流モデルは，一般に渦粘性モデル (eddy viscosity model) とよばれる．渦粘

性モデルでは，基本的に乱れが等方的になる．

式 (5.145) を 式 (5.127) に代入し，$k$ の項は圧力に組み込むものとすると，次式を得る．

$$\frac{\partial \bar{u}}{\partial t} + \nabla \cdot (\bar{u}\bar{u}) = -\nabla \bar{p} + \nabla \cdot (2\nu_{\text{eff}}\bar{D}) \tag{5.146}$$

ここで $\nu_{\text{eff}} = \nu + \nu_t$ であり，乱流の効果は乱流粘性係数に集約されている．

乱流粘性の効果は，熱拡散率においても考慮する必要がある．粘性係数同様に熱拡散率を $\alpha_{\text{eff}} = \alpha + \alpha_t$ と表現し，$\alpha_t = \nu_t/Pr_t$ と見積もる．ここで，$Pr_t$ は乱流プラントル数 (turbulent Prandtl number) である．経験的に，$Pr_t = 0.85$ とされる．

### 5.7.6 混合長モデル ☞ 4.5.5 項 (p.78)

渦粘性モデルを完成するには，乱流粘性係数を求める必要がある．プラントル (Prandtl) は，気体分子運動とのアナロジーから，分子の平均自由行程に対応する渦粒子の行程である混合長 (mixing length) というものを考えた．混合長を $\ell_m$ とし，代表時間スケールを $\tau$ として，代表速度を $u_t = \ell_m/\tau$ で定義すると，乱流粘性係数は次式で表現できる．

$$\nu_t = \ell_m u_t = \frac{\ell_m^2}{\tau} \tag{5.147}$$

時間スケールが平均速度勾配の逆数に比例すると考え，比例定数を $\ell_m$ に含めるものとすると

$$\nu_t = \ell_m^2 \left| \frac{\partial \bar{u}}{\partial y} \right| \tag{5.148}$$

となる．ここでは $\bar{u}$ を平均速度の $x$ 方向成分として，2 次元的に考えている．

混合長モデルは，追加の方程式を必要としないため，混合長が指定できる問題では簡単で有用なモデルであるが，一般的な流れでは混合長を指定しにくいため，汎用的なものではない．

### 5.7.7 1 方程式モデル

乱流の代表速度を $u_t = k^{1/2}$ で表し，乱流の長さスケールを $\ell$ とすると，乱流粘性係数 $\nu_t$ は次式で表すことができる．

$$\nu_t = \ell u_t = k^{1/2}\ell \tag{5.149}$$

ここで，$k$ を計算することができれば，長さスケールを指定することで乱流粘性係数を計算できる．$k$ の輸送方程式 (5.135) はそのままでは解けないので，これを次式のようにモデル化する．

$$\frac{\partial k}{\partial t} + \frac{\partial k \bar{u}_j}{\partial x_j} = P_k - \varepsilon + D_k \tag{5.150}$$

ここで $P_k$ は，レイノルズ応力の渦粘性表現から

$$P_k = 2\nu_t \bar{D}_{ij} \frac{\partial \bar{u}_i}{\partial x_j} - \frac{2}{3} k \frac{\partial \bar{u}_i}{\partial x_j} \delta_{ij} \tag{5.151}$$

である．また，$D_k$ は

$$D_k = \frac{\partial}{\partial x_j} \left\{ \left( \nu + \frac{\nu_t}{\sigma_k} \right) \frac{\partial k}{\partial x_j} \right\} \tag{5.152}$$

であり，拡散項をモデル化したものである．$\sigma_k$ は乱流プラントル数で，一般に 1.0 とされる．$\varepsilon$ は，次元解析より次式でモデル化する．

$$\varepsilon = C_D \frac{k^{3/2}}{\ell} \tag{5.153}$$

$C_D$ は定数であり，0.08 程度の値である．

　長さスケール $\ell$ を与えることができれば，方程式系は閉じる．長さスケールは混合長 $\ell_m$ に比例するものと考えられるが，一般には値を経験的に設定することになる．

　以上のモデルは，プラントルにより提案されたもので，RANS 方程式系に方程式が一つ追加されるため，1 方程式モデルとよばれる．それに対し，追加の方程式が必要ない混合長モデルは 0 方程式モデルとよばれる．その他の 1 方程式モデルとしては，乱流粘性係数を求めるための乱流粘性パラメタ $\tilde{\nu}$ の輸送方程式を解く Spalart–Allmaras モデルがある．1 方程式モデルは，混合長モデルよりはマシであるが，適用範囲は限定的である．

### 5.7.8　標準 $k$-$\varepsilon$ モデル　　☞ 4.5.5 項 (p.78)

　プラントルの 1 方程式モデルでは，長さスケールを指定する必要がある．そこで，長さスケールを変数にした 2 方程式モデルが考えられるが，乱流粘性係数が計算できさえすれば，$k$ と組み合わせるものは何でもよい．いずれにしても $\varepsilon$ は計算する必要があるので，変数として $\varepsilon$ を選択するほうが手続き上は自然である．$k$ と $\varepsilon$ を変数とする 2 方程式モデルは，$k$-$\varepsilon$ モデルとよばれる．

　乱流粘性係数 $\nu_t$ は，次元解析から $k$ と $\varepsilon$ により次式で表される．

$$\nu_t = C_\mu \frac{k^2}{\varepsilon} \tag{5.154}$$

ここで，$C_\mu$ は定数である．

　$k$ の輸送方程式と同様に，式 (5.128) から $\varepsilon$ の輸送方程式を導くことができるが，

煩雑なので，ここでは方程式全体をモデル化するものとして，$\varepsilon$ の輸送方程式を次式で表す．

$$\frac{\partial \varepsilon}{\partial t} + \frac{\partial \varepsilon \bar{u}_j}{\partial x_j} = \frac{\varepsilon}{k}(C_{\varepsilon 1} P_k - C_{\varepsilon 2}\varepsilon) + D_\varepsilon \tag{5.155}$$

ここで，$C_{\varepsilon 1}$，$C_{\varepsilon 2}$ は定数であり，$D_\varepsilon$ は

$$D_\varepsilon = \frac{\partial}{\partial x_j}\left\{\left(\nu + \frac{\nu_t}{\sigma_\varepsilon}\right)\frac{\partial \varepsilon}{\partial x_j}\right\} \tag{5.156}$$

である．$\sigma_\varepsilon$ は定数である．

式 (5.150), (5.154), (5.155) を用いる 2 方程式モデルは，標準 $k$-$\varepsilon$ モデルとよばれる．各定数の値は，一般に以下のものが用いられる．

$$C_\mu = 0.09, \quad \sigma_k = 1.0, \quad \sigma_\varepsilon = 1.3, \quad C_{\varepsilon 1} = 1.44, \quad C_{\varepsilon 2} = 1.92 \tag{5.157}$$

標準 $k$-$\varepsilon$ モデルは広い分野に適用されている．ただし，RANS モデルである以上，汎用的なモデルではありえないので，標準 $k$-$\varepsilon$ モデルをベースにさまざまな改良モデルが提案されている．

標準 $k$-$\varepsilon$ モデルは，長さスケールのようなパラメタを必要としないため，エンジニアリングにおいて比較的使いやすいモデルである．とはいえ，初期値や流入条件として $k$, $\varepsilon$ の値を指定する必要があり，何らかの値を見積もる必要がある．平均流の代表速度を $U$ として，乱流強度 (turbulent intensity) $I$ を次式で定義する．

$$I = \frac{u'}{U} \tag{5.158}$$

これは平均流に対する乱れの割合で，十分に発達した流れでは，数％の値をとるといわれる．これを用いて，$k$ は次式で見積もられる．

$$k = \frac{3}{2}(UI)^2 \tag{5.159}$$

$\varepsilon$ については，次式で見積もられる．

$$\varepsilon = \frac{C_\mu^{3/4} k^{3/2}}{\ell_m} \tag{5.160}$$

混合長 $\ell_m$ を与える必要があるが，十分に発達した流れでは次式で見積もることができる．

$$\ell_m = 0.07L \tag{5.161}$$

ここで，$L$ は代表長さである．ダクト流れでは，代表長さとして水力直径 (hydraulic

diameter) が用いられる. 水力直径を $D$, 断面積を $A$, 断面周長を $\ell$ とすると, $D = 4A/\ell$ である. 円形断面では $D$ は円の直径である.

　壁境界については, $k$ は壁の法線方向勾配を 0 とし, $\varepsilon$, $\nu_t$ については壁関数を用いる.

### 5.7.9　境界層の取扱い　☞ 4.5.2 項 (p.72), 4.12.4 項 (p.111)

　物体表面では流速が 0 になるため, 壁近傍では速度が急激に変化する. 数値解析を考えたとき, それを解像するほどの格子を用意するのは計算コストがかかる. また, 高レイノルズ数流れを想定している標準 $k$-$\varepsilon$ モデルで壁近傍の低レイノルズ数流れを解くのは適切ではない. それらの問題を避けるため, その部分を直接解く代わりに, 壁近傍の流れ (境界層) の普遍的性質を用いて境界条件として考慮することが考えられる. 以下ではその方法について述べる.

#### ■境界層

　流れは粘性により物体表面に付着・静止するが, レイノルズ数が大きい流れの場合, その影響は物体表面の薄い層の中に限られる. この薄い層を境界層 (boundary layer) という. これに対し, 境界層外の流れを主流 (external flow) という. 境界層は, はじめは層流として発生する. 境界層はだんだんと厚みを増し, あるところで乱流になる. 層流の境界層を層流境界層, 乱流の境界層を乱流境界層という. 主流のレイノルズ数が $10^3 \sim 10^5$ 程度の場合, 物体は層流境界層に覆われる. レイノルズ数がそれ以上になると, 乱流境界層への遷移が起こり始め, レイノルズ数が大きくなるにつれて乱流境界層の割合が増していく.

　翼の上面や拡大するダクトなど, 主流に沿って圧力上昇が起こる場合, 境界層が壁面からはがれるということが起こる. これを境界層のはく離という. 以下では, 層流境界層から乱流境界層への遷移や, 境界層のはく離については考えないものとする.

#### ■壁法則

　乱流境界層内の速度分布は, 次式で表される.

$$u^+ = \frac{1}{\kappa} \ln Ey^+ \tag{5.162}$$

ここで, $u^+ = \bar{u}/u_\tau$ は速度の無次元数で, $u_\tau = \sqrt{\tau_w/\rho}$ は摩擦速度, $\tau_w$ は壁面せん断応力である. $y^+ = u_\tau y/\nu$ は壁からの距離 $y$ の無次元数である. $\kappa$ はカルマン (Karman) 定数とよばれ, 値は $0.40 \sim 0.45$ とされる (だいたい 0.41 が用いられる). なめらかな壁では $E = 9.8$ とされる. 上式は対数則 (log law) とよばれ, 乱流境界層の中でこれが成り立つ領域は対数則層 (log law layer) あるいは対数領域 (logarithmic region) とよばれる.

乱流境界層においても,壁近傍には薄い層流の層がある.これは粘性底層 (viscous sublayer) とよばれ,速度分布は次式で表される.

$$u^+ = y^+ \tag{5.163}$$

粘性底層では,速度が壁からの距離に比例する.これは線形則 (linear law) とよばれる.

粘性底層と対数則層のそれぞれの範囲は,粘性底層がだいたい $y^+ < 5$ であり,対数則層がだいたい $30 < y^+ < 500$ である.両者の間はバッファ層 (buffer layer) とよばれ,粘性底層から対数則層への遷移領域である (図 5.7).

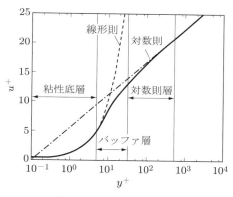

**図 5.7** 境界層の速度分布

以上のように,境界層内の流れは主流のレイノルズ数とは無関係で,密度,粘性係数,壁面せん断応力,壁からの距離によって支配される.これを壁法則 (law of the wall) という.

### ■壁関数

数値解析を考えた場合,速度が狭い範囲で急激に変化する境界層を解像しようとすると,壁際に細かい格子を用意する必要があり,格子幅は小さく,格子数は膨大になってしまう.また,標準 $k$-$\varepsilon$ モデルは高レイノルズ数を想定しており,壁近傍の低レイノルズ数流れに適用するのは適切ではない.これらの問題を避けるため,壁の第 1 格子点を対数則層に入れ,壁法則により境界条件を与える方法が考えられる.これは,壁関数 (wall function) による方法とよばれている.

壁関数による境界条件は,$k$ や $\varepsilon$ などの乱流諸量および温度に対して用いられる.

## 5.7.10　その他の渦粘性モデル　☞ 4.4 節 (p.67)

標準 $k$-$\varepsilon$ モデルは，比較的単純な流れ場においては成果を挙げているが，曲率，旋回，はく離などがある流れ場に対しては精度が悪いことが知られている．そのため，さまざまな改良モデルが提案されている．以下では主要な改良モデルについて簡単に述べる．

### ■低レイノルズ数型 $k$-$\varepsilon$ モデル

複雑な流れ場においては，壁近傍で壁関数の前提が成り立たない場合がある．たとえば，層流から乱流への遷移領域を含む流れ，はく離，熱伝達に関する温度境界層についての問題などでは，一般に正しい解を与えない．この場合，壁関数を使わずに壁近傍の低レイノルズ数流れをきちんと解く必要があるが，高レイノルズ数型の標準 $k$-$\varepsilon$ モデルでは，壁近傍での低レイノルズ数流れによるレイノルズ応力の減衰効果を正しく表現することができない．そこで，減衰関数 (damping function) により低レイノルズ数効果を表現する低レイノルズ数型 $k$-$\varepsilon$ モデルが提案されている．たとえば，Launder-Sharma モデルや Lam-Bremhorst モデルがある (OpenFOAM ではそれぞれ **LaunderSharmaKE**，**LamBremhorstKE** にあたる)．

$k$-$\varepsilon$ モデルに限らず，壁近傍の低レイノルズ数効果を考慮したモデルは一般に，低レイノルズ数型モデル (low-Reynolds number model) とよばれる．

### ■ RNG $k$-$\varepsilon$ モデル

RNG $k$-$\varepsilon$ モデルは，繰り込み群 (renormalization group, RNG) 理論を用いたもので，標準 $k$-$\varepsilon$ モデルの各モデル定数を理論的に導出し，平均ひずみ効果の補正が加えられている．平均ひずみの大きな流れに有効である．

### ■ Realizable $k$-$\varepsilon$ モデル

Realizable $k$-$\varepsilon$ モデルは，$\overline{u'^2}$，$k$，$\varepsilon$ などの値は負になりえないという物理的な実現性 (realizability) の制限を課したモデルである．曲率や旋回がある流れなどに有効とされる．

### ■ $k$-$\omega$ モデル

$k$-$\omega$ モデルは，変数として $k$ と比散逸率 (specific dissipation rate) $\omega = \varepsilon/k$ を採用したモデルである．乱流粘性係数は次式で計算される．

$$\nu_t = \frac{k}{\omega} \tag{5.164}$$

"標準 $k$-$\omega$ モデル" と一般によばれるモデルには，いくつかのバージョンがある．初期のバージョンの $k$-$\omega$ モデル (OpenFOAM で実装されているモデル) は，壁近傍の

流れについては $k$-$\varepsilon$ モデルよりも得意だが，自由流れ (freestream) に弱い．この欠点の回避を目的の一つとして，SST $k$-$\omega$ モデルが提案された．

　SST $k$-$\omega$ モデルは二つのモデルからなる．一つは BSL (baseline) モデルであり，壁近傍では $k$-$\omega$ モデル，その外側では $k$-$\varepsilon$ モデルから変換した $k$-$\omega$ モデルを用いる．もう一つは SST (shear stress transport) モデルであり，乱流のせん断応力の輸送効果を考慮する．

　$k$-$\omega$ モデルでは，初期値や流入条件として $k$，$\omega$ の値を指定する．$\omega$ は $k$ と $\varepsilon$ から計算できるが，$k$-$\omega$ モデルと $k$-$\varepsilon$ モデルでは乱流粘性係数の定義が異なるため注意が必要である．乱流粘性係数を $k$-$\varepsilon$ モデルに合わせるには，$\omega = \varepsilon/(C_\mu k)$ とする必要がある．

### ■非線形 $k$-$\varepsilon$ モデル

　標準のレイノルズ応力の渦粘性表現は，レイノルズ応力の線形近似と考えることができる．そのような考え方から，レイノルズ応力の非線形表現がいくつか提案されている．レイノルズ応力の非線形表現を用いたモデルは非線形渦粘性モデル (nonlinear eddy viscosity model) とよばれ，$k$-$\varepsilon$ モデルの場合は非線形 $k$-$\varepsilon$ モデルとよばれる．

　乱れの非等方性を考慮するには，レイノルズ応力輸送モデルを用いる方法があるが，レイノルズ応力 6 成分を解く必要があり，計算コストが高い．非線形 $k$-$\varepsilon$ モデルであれば，レイノルズ応力輸送モデルほど計算コストを増加させずに，乱れの非等方性を表現できる可能性がある．ただし，このタイプのモデルの実用例は多くはない．

　OpenFOAM では，Lien cubic k-epsilon (`LienCubicKE`) や Shih quadratic k-epsilon (`ShihQuadraticKE`) が実装されている．

### 5.7.11　レイノルズ応力輸送モデル　　☞ 4.4 節 (p.67)

　レイノルズ応力の渦粘性表現を用いる渦粘性モデルには，流れの非等方性を考慮しにくいという問題がある．渦粘性表現を用いる代わりに，レイノルズ応力輸送方程式を解いてレイノルズ応力を求めるモデルが提案されている．このタイプのモデルは，レイノルズ応力モデル (Reynolds stress model: RSM) あるいはレイノルズ応力輸送モデル (Reynolds stress transport model: RSTM) とよばれる．

　レイノルズ応力輸送モデルには標準モデルというものはないが，Launder – Reece – Rodi モデル (LRR モデル) が基本的なモデルとして参照される．レイノルズ応力輸送方程式 (5.130) は，以下のようにモデル化される．

$$\frac{\partial}{\partial t}(R_{ij}) + \frac{\partial}{\partial x_k}(R_{ij}\bar{u}_k) = P_{ij} + \Pi_{ij} - \varepsilon_{ij} + D_{ij} \tag{5.165}$$

ここで

$$
\begin{aligned}
\Pi_{ij} &= -C_1 \frac{\varepsilon}{k}\left(R_{ij} - \frac{2}{3}\delta_{ij}k\right) - C_2\left(P_{ij} - \frac{2}{3}\delta_{ij}P_k\right) \\
P_k &= \frac{1}{2}P_{ii} \\
\varepsilon_{ij} &= \frac{2}{3}\delta_{ij}\varepsilon \\
D_{ij} &= \frac{\partial}{\partial x_k}\left\{\left(\nu + \frac{\nu_t}{\sigma_k}\right)\frac{\partial R_{ij}}{\partial x_k}\right\} \\
k &= \frac{1}{2}R_{ii}
\end{aligned}
\tag{5.166}
$$

であり，定数は

$$
C_1 = 1.8, \quad C_2 = 0.6 \tag{5.167}
$$

である．圧力-ひずみ相関項 $\Pi_{ij}$ には，壁が圧力変動を反射する効果を考慮するための壁反射項 (wall reflection term) が付加されることがある．OpenFOAM の乱流モデル LRR には，Gibson と Launder による壁反射項を考慮するオプションがある（デフォルトで有効）．

　式 (5.155) から別途 $\varepsilon$ を求める必要がある．変数の数は，対称テンソルであるレイノルズ応力の 6 成分と $\varepsilon$ で 7 個なので，レイノルズ応力輸送モデルは 7 方程式モデルである．方程式の数で単純に比較すると，標準 $k$-$\varepsilon$ モデルの 3 倍以上の計算コストがかかることになる．

　レイノルズ応力輸送モデルは，乱れの非等方性を表現できるため，曲率や旋回のある流れなど，複雑な流れに有効とされる．

　OpenFOAM では，LRR モデルのほかに Speziale-Sarkar-Gatski (SSG) モデル (SSG) が実装されている．

# 付　録

# 付録 A
# DEXCS2020 for OpenFOAM のインストール

## A.1 はじめに

仮想化ソフト Oracle VM VirtualBox の仮想マシン上に DEXCS2020 for Open-FOAM をインストールする．ここで使用したバージョンは，VirtualBox 6.1.14 Windows 版，DEXCS2020 for OpenFOAM 64 bit である．

## A.2 必要なもの

- VirtualBox (VirtualBox.org [6])
- DEXCS2020 for OpenFOAM の ISO イメージ (DEXCS [5])

それぞれをサイトから入手する．

## A.3 VirtualBox のインストール

インストーラを起動し，指示に従ってインストールすればよい．ここでは省略する．

## A.4 仮想マシンの準備

仮想マシンの準備を行う．

1. VirtualBox を起動する (図 A.1)．
2. "新規"を押す．
3. 仮想マシンの名前と OS を指定する (図 A.2)．名前は適当につける (ここでは "DEXCS2020 for OpenFOAM")．OS タイプは Linux/Ubuntu (64 bit) とする．"次へ"を押す [†]．

---

[†] VirtualBox 6.1.14 Mac OS X 版では，"次へ"ではなく"続き"と表示される．以降の"次へ"でも同様．

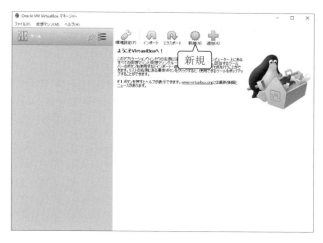

図 **A.1**　VirtualBox のメイン画面で新規仮想マシンを作成

図 **A.2**　仮想マシンの名前と OS 設定

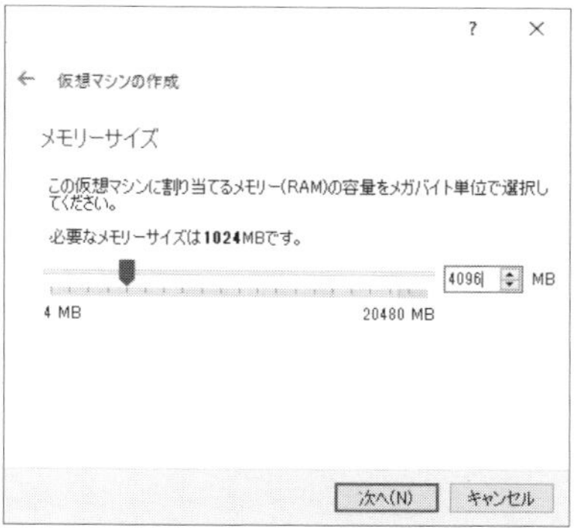

図 **A.3**　仮想マシンのメモリーサイズ
設定

4. 環境に合わせて使用メモリを設定する (図 A.3)．これは後で変更が可能である．
"次へ"を押す．

5. 仮想ハードディスクの設定を行う (図 A.4)．"仮想ハードディスクを作成する"
を選んだまま"作成"を押す．

6. ハードディスクのファイルタイプを設定する (図 A.5)．デフォルト設定のまま
"次へ"．

7. ハードディスクのタイプを選ぶ (図 A.6)．"可変サイズ"は，たとえばハードディ
スクサイズを 100 GB と設定しても，仮想マシン内部でのディスク使用量が 30

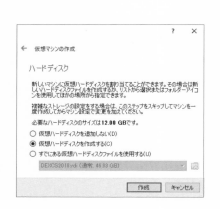

図 A.4  仮想マシンのハードディスク
　　　　設定

図 A.5  ハードディスクのファイルタイ
　　　　プ設定

GB なら，仮想マシンは 30 GB 程度のディスクを消費するだけである (ディス
クサイズを後で変更できるという意味ではない)．"固定サイズ"であれば，ディ
スクサイズを 100 GB と設定したら，そのまま 100 GB 消費する．よくわから
なければ，"可変サイズのストレージ"を選んでおく．"次へ"を押す．

8. 仮想ハードディスクのサイズを設定する (図 A.7)．後で変更できないので，よく
   考えて，十分なサイズを割り当てる．DEXCS2020 のインストールのためには，

図 A.6  ハードディスクファイルの可
　　　　変固定の設定

図 A.7  ハードディスクファイルの場所
　　　　とサイズ設定

30 GB 以上にする必要がある．"作成"を押す．

9. 仮想マシンの作成が完了する．あとは OS をインストールすればよい．

10. "設定"(図 A.8) で各種設定を行える．たとえば，メモリサイズを再設定できる (図 A.9)．メモリ使用量を実メモリの 50 % 以上に設定すると，警告が出る．

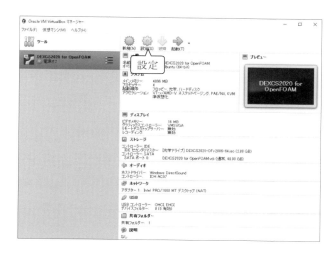

**図 A.8**　VirtulBox メイン画面で仮想マシンの設定変更と追加

**図 A.9**　システム：メモリサイズの再設定

11. 使用プロセッサ数も設定できる (図 A.10)．デフォルトは 1 なので，マルチコアを使いたい場合はここで設定しておく．

**図 A.10**　システム：使用プロセッサ数の設定

# A.5　DEXCS2020 for OpenFOAM のインストール

1. "設定" → "ストレージ" の "ストレージデバイス" から CD のアイコンを選び (図 A.11)，"属性" の CD のアイコンクリックして，"仮想光学ディスクを選択" で DEXCS の ISO イメージを選択する.

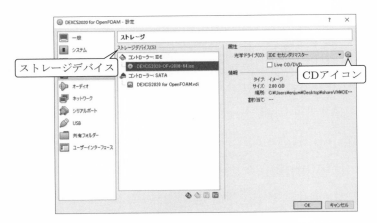

**図 A.11**　ストレージ：DEXCS の ISO イメージを選択

2. VirtualBox で仮想マシンを選んで，"起動" を押す (図 A.12).
3. Linux の起動タイプを選択する (図 A.13)．"live" を選ぶ.
4. ubuntu が起動する (図 A.14).

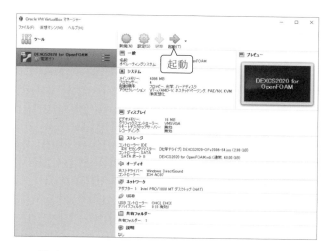

図 **A.12** VirtualBox メイン画面で仮想マシンの起動

図 **A.13** Linux の起動タイプの選択

図 **A.14** ubuntu の起動画面

5. DEXCS2020 のデスクトップ画面が表示される (図 A.15).

6. デスクトップのアイコン "Custom 20.04 のインストール" をダブルクリックする (図 A.16).

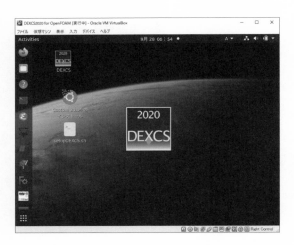

図 **A.15** DEXCS2020 のデスクトップ画面　　図 **A.16** Custom 20.04 のインストールアイコン

7. インストールの設定が始まる. 日本語を選んで "続ける" (図 A.17).

図 **A.17** インストール言語の選択

8. キーボードレイアウトを選択する. おそらく大丈夫なので, "続ける" (図 A.18).

9. アップデートと他のソフトウェア. これもおそらく大丈夫なので, "続ける" (図 A.19).

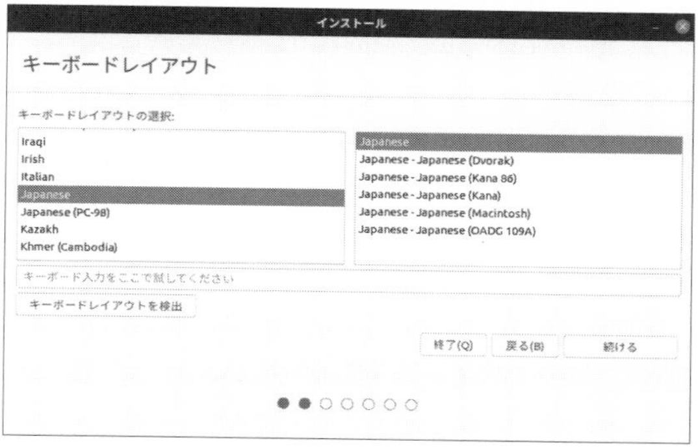

図 **A.18** キーボードレイアウトの選択

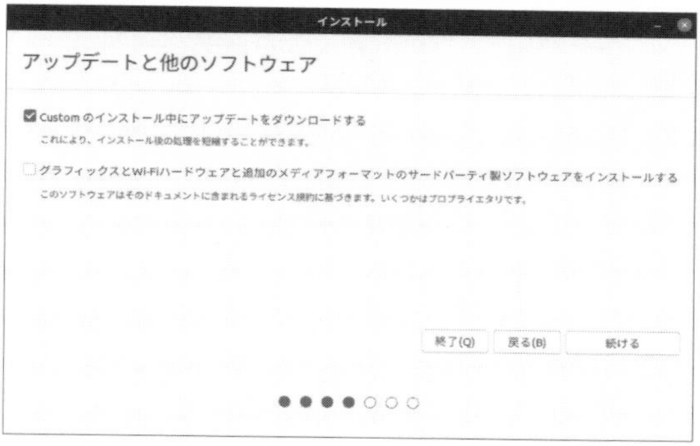

図 **A.19** アップデートと他のソフトウェア

10. "インストール"を押す (図 A.20). メッセージを確認して,"続ける"(図 A.21).

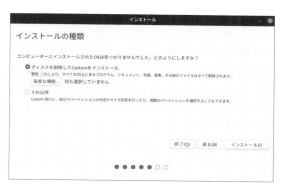

図 **A.20** インストールの種類選択

11. タイムゾーンを設定する. 気にせず"続ける"(図 A.22).

図 **A.21**  インストール確認

図 **A.22**  タイムゾーンの設定

12. ユーザーの設定を行う (図 A.23). ユーザー名とパスワードを入力する. 自由に
   決めてよいが, 日本語の使用は不可. セキュリティ上の懸念がなければ, "自動
   的にログインする" を選択しておくと便利である. 設定が終わったら, "続ける"
   を押す.

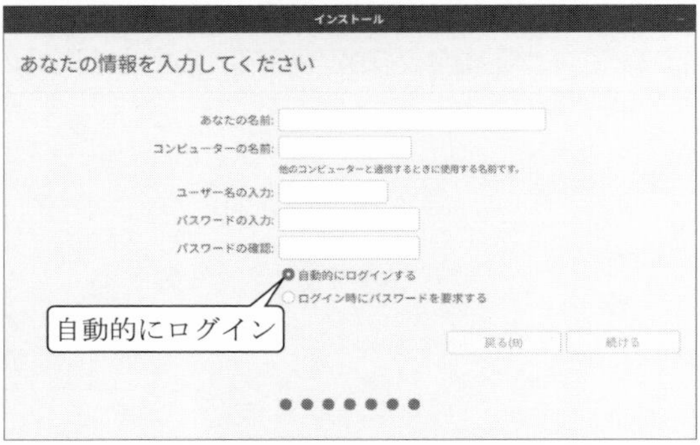

図 **A.23**  ユーザー名とパスワードの設定

13. インストールが終わるまでしばらく待つ.

14. インストール完了．"今すぐ再起動する"を押す (図 A.24)．再起動といっても，仮想マシンの再起動である．

15. ディスクが仮想的に排出される (図 A.25)．$\boxed{\text{Enter}}$を押すと，仮想マシンが再起動する．

図 **A.24** インストール完了メッセージ　　図 **A.25** 仮想ディスクの排出確認

16. ユーザの設定 (図 A.23) において"自動的にログインする"を選択しなかった場合，図 A.26 のログイン画面が表示されるので，図 A.23 にて設定したユーザー名をクリックして，図 A.27 の画面になったらパスワードを入力，$\boxed{\text{Enter}}$を押してログインする．

図 **A.26** ログイン画面（ユーザー選択）　　図 **A.27** ログイン画面（パスワード入力）

17. DEXCS デスクトップ画面 (図 A.28) が表示される．仮想マシン作成前の画面 (図 A.15) と比べると，Custom 20.04 のインストール用アイコンがなくなっている．これでインストールは終了である．

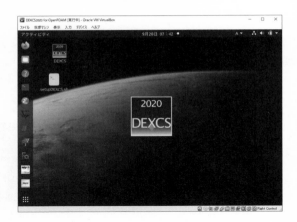

**図 A.28**　DEXCS デスクトップ画面（DEXCS セットアップ未完状態）

## A.6　DEXCS のセットアップ

DEXCS を使うには，一つ作業が必要である．

1. デスクトップ上にある setupDEXCS.sh（図 A.29）をダブルクリックする．
2. 実行するかどうか尋ねられるので，"端末内で実行" を選ぶ (図 A.30). "実行"
   を選んではいけない．

**図 A.29**　DEXCS セット
アップアイコン

**図 A.30**　DEXCS セットアップの実行確認

3. 端末が現れてパスワード入力を促されるので，図 A.23 にて設定したパスワード
   を入力して[Enter]を押す (図 A.31). なお，ここでの入力は画面に反映されな
   い．また図 A.30 で "実行" を選ぶとこのステップがスキップされてしまい，セッ
   トアップが不完全で終わってしまう．

図 **A.31**　パスワード入力画面

4. 画面がいくつか切り替わって再びログインすると，DEXCS のアイコン (図 A.32) だけがデスクトップに配置された画面になる．

5. DEXCS のアイコン（実はフォルダ）をダブルクリックすると，ファイルマネージャーが起動する (図 A.33)．DEXCS の使用法は readme.html をダブルクリックしてマニュアル等参照できる．本書で使用するチュートリアルケース（mixing_elbow）も収納されている．

図 **A.32**　DEXCS アイコン　　　　図 **A.33**　DEXCS アイコン（フォルダ）の内容

## A.7　ファイルの共有

　仮想マシンとホストマシンとのファイルの共有は，"共有フォルダー" または "クリップボードの共有" や "ドラッグ＆ドロップ" の設定で行うことができる．そのためには，

仮想マシンに "Extension Pack" をインストールする必要があるが，DEXCS2020 for OpenFOAM の場合は，すでにインストールされているので，インストールする必要はない．ただし，最新版ではないのでアップデートしたほうがよいかもしれない．しなくても実用上の問題はなさそうである．

　共有フォルダの設定は，仮想マシンをいったん終了し，VirtualBox のメニュー [設定] → [共有フォルダー] で行う (図 A.34).

　リストの右にある小さなアイコンで設定を追加できる．

　共有させたいフォルダのパスと名前を設定する．"自動マウント" にチェックを入れる (図 A.35).

図 **A.34**　共有フォルダの設定画面

図 **A.35**　共有フォルダの追加画面

　仮想マシンを起動すると，共有フォルダが "/media" 以下に "sf_共有フォルダ名" としてマウントされる．ただし，アクセス権がないため，端末で次のように設定する．

```
$ sudo gpasswd -a ユーザ名 vboxsf
```

　パスワードを入力する必要がある．再起動すれば，共有フォルダが見られるようになる．

　"クリップボードの共有" や "ドラッグ＆ドロップ" は，VirtualBox のメニュー [設定] → [一般] → [高度] で設定を変更できる (図 A.36). デフォルトは "無効" になっているのでこれを "双方向" に変更すればよい．これは仮想マシンの稼働中であっても変更が可能である（[仮想マシン] → [設定] → ... ）.

　ただし，この機能は 100％きちんと使えるものではなく，特に大きなサイズのファイル共有や仮想マシンが長時間稼働した状態で機能しなくなる可能性もある．

図 **A.36**　クリップボードの共有とドラッグ＆ドロップの設定画面

## A.8　OpenFOAM の利用

　OpenFOAM そのものを利用したい場合は，デスクトップ左端中段あたりにあるランチャー "OF – v2006Terminal" (図 A.37) で端末を起動する．起動するとウィンドウが現れる.(図 A.38).　これにより，OpenFOAM を利用するための環境設定が行われた状態でキーボードで文字を入力できるようになる.

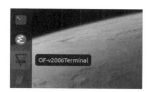

図 **A.37**　OpenFOAM 用端末の起動ランチャー

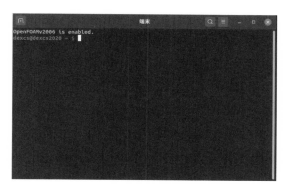

図 **A.38**　OpenFOAM 用端末

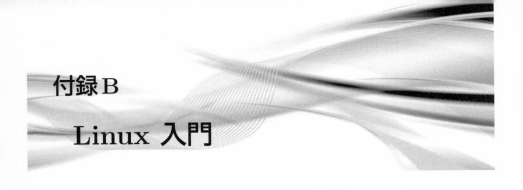

# 付録B

# Linux 入門

## B.1　はじめに

　Linux は本来コマンドラインベースのシステムであった．最近は GUI だけで操作できることが多いとはいえ，Windows や Mac OS X のコマンドラインが補助的なものであるのと比べると，Linux ではコマンドラインはいまだに大きな役割を果たしている．ここでは，Linux の基本と，コマンドラインの使い方を解説する．

## B.2　Linux の基本

### B.2.1　ユーザーとグループ

　Linux には，ユーザーとそれが属するグループがある．ユーザーには管理者と一般ユーザーがあり，管理者を root とよぶ．これはファイルのアクセス権に関係している．ふつう，一般ユーザーは自分がつくったファイルだけを書き換えることができる．一方，root はすべてのファイルを自由にできる．

### B.2.2　ファイルとディレクトリ

　Linux のコマンドライン上では，いわゆる "フォルダ" のことを "ディレクトリ" とよぶ．ディレクトリはファイルの一種である．

### B.2.3　ファイルシステム

　Linux などのファイルシステムは，ディレクトリの中にファイルやそのまたディレクトリがあるという，ツリー構造になっている．Windows では Explorer, Mac OS X では Finder でツリーをたどっていくが，Linux にもそのようなものがある．それは使っているデスクトップ環境によって異なる (GNOME では Nautilus, KDE では Konqueror や Dolphin など)．それらに対して，コマンドラインではキーボード入力のコマンドでディレクトリツリーをたどっていくことになる．

## B.2.4　パス

ディレクトリツリー上のディレクトリやファイルの場所のことを"パス"という．パスはスラッシュで区切られる．たとえば"/usr/bin/xclock"などである．スラッシュの左にあるディレクトリを親ディレクトリ，右にあるディレクトリを子ディレクトリとよんだりする．最上位ディレクトリ（"/"）のことを"ルート"という．ルートからのパスを"絶対パス"，あるディレクトリからのパスを"相対パス"という．

## B.2.5　カレントディレクトリ

ファイルを操作する場合，ディレクトリツリー上のどこかに位置しなければならない．その現在地のことを"カレントディレクトリ"とか"カレントパス"などとよぶ．

## B.2.6　ホームディレクトリ

ユーザーにはそのユーザー専用のディレクトリがある．それを"ホームディレクトリ"とよぶ．コマンドラインからファイルにアクセスするとき，ふつう最初はホームディレクトリに位置するので，そこから別のディレクトリに移動して目的のファイルやディレクトリを参照する．

## B.2.7　アクセス権

すべてのファイルには，その所有者とグループ，アクセス権が設定されている．アクセス権は所有者，グループ，その他に対して設定できる．アクセス権には実行，読み取り，書き込みの3種類あり，それぞれに許可・不許可を設定できる．

たとえば，自分でつくったファイルであれば，自分に対して読み取り・書き込み許可，グループとその他には読み取り許可が与えられる．プログラムの場合は，実行許可も与えられる．実行許可がついていないものは実行できない．また，他人がつくったファイルは，ふつうはグループやその他に書き込み許可が与えられないため，書き換えることができない．

## B.2.8　シェル

ファイルにアクセスしたり，プログラムを実行するために，ユーザーとシステムの仲立ちを行うものを"シェル"という．Windows の Explorer も，Windows におけるシェルである．コマンドラインを扱うといったとき，実際に扱うものはシェルである．

Linux のシェルには主に二つの種類がある．B (Bourne) シェル (sh/bash) と C シェル (csh/tcsh) である．Linux はデフォルトが B シェル (bash) である場合が多い．したがって，ここではシェルに bash を想定する．

シェルは，コマンドを羅列したテキストファイルを与えると，それらを一気に実行する機能がある．そのファイルを"シェルスクリプト"とよぶ．シェルスクリプトでバッチ処理を行うことも，シェルに対する基本設定を指示することもできる．

### B.2.9　プロセス

Linux のプログラムは，"プロセス"という単位で管理される．Windows のタスクマネージャーで表示される"プロセス"と同じである．プログラムを強制終了させることを，"プロセスを殺す (kill)"という．

### B.2.10　ジョブ

シェルが管理しているプロセス (あるいはプロセスのまとまり) のことを"ジョブ"とよぶ．ジョブには"フォアグラウンドジョブ"と"バックグラウンドジョブ"がある．フォアグラウンドでジョブを実行する場合，そのジョブを実行している間は，そのジョブの入力要求に対するもの以外は入力を受け付けない．バックグラウンドでジョブを実行する場合は，ジョブを実行している間もコマンドを入力し続けることができる．

## B.3　端末の起動

Linux におけるコマンドラインによる操作には，端末 (端末エミュレータ) を使う．端末の起動方法は，Linux のデスクトップ環境によって異なる．たとえば，DEXCS2020 for OpenFOAM ではデスクトップ左端中段あたりにあるランチャー"OF − v2006Terminal" (図 A.37) で端末を起動できる．起動するとウィンドウが現れ，キーボードで文字を入力できるようになる (図 A.38)．一般的な Ubuntu では，Ctrl+Alt+T で端末が起動する．

## B.4　コマンドの実行

コマンドは次の形で実行する．

```
$ コマンド [ オプション ] 引数 1 引数 2 ...
```

"$"を"プロンプト (入力促進文字)"とよぶ．これはシェルが表示するもので，コマンド入力待ちであることを意味する．コマンドには"オプション"を空白区切りで指定できる．オプションは"−..."とか，"−−..."などとハイフンの後に文字列という形で指定する．上の"[...]"は省略可能を意味している．コマンドの後に，引

数 (たとえばファイル名など) を空白区切りで指定する．

　"ls" コマンドの例を見てみよう．

```
$ ls
```

　ただ "ls" とだけ入力すると，カレントディレクトリのファイルのリストが表示される．

```
$ ls -l
```

　オプション "-l" をつけると，カレントディレクトリのファイルの詳細な情報が表示される．

```
$ ls --help
```

　オプション "--help" をつけると，ls の使い方が表示される．

```
$ ls ..
```

　".." はカレントディレクトリの親ディレクトリのパスを意味する．これは親ディレクトリのファイルを表示させている．

## B.5　特殊な文字

特殊な扱いをされる文字がある．

### ■ . (ピリオド)

パスとして使うと，カレントディレクトリのパスを意味する．

```
$ ./run
```

コマンドとして使うと，シェルの設定の読み込みを意味する．

```
$ . ~/.bashrc
```

### ■ .. (ピリオド 2 個)

カレントディレクトリの親ディレクトリのパスを意味する．

```
$ cd ..
```

### ■ ~ (チルダ)

ホームディレクトリのパスを意味する．

```
$ . ~/.bashrc
```

### ■ * (アスタリスク)

　文字列のパターンを指定するときに使う．何らかの文字列を意味する．たとえば，"*.txt" だと，最後に ".txt" が付くすべてのファイル名を意味する．

```
$ ls *.txt
```

### ■ ?

　文字列のパターンを指定するときに使う．"*" とは異なり，何らかの 1 文字を意味する．たとえば，"?.txt" だと "a.txt" や "b.txt" などがマッチする．

```
$ ls ?.txt
```

### ■ " (二重引用符)

　"..." という形で表すと，空白を含む文字列を指定することができる．

```
$ grep -rin "error number" .
```

### ■ > (リダイレクト)

　コマンドの出力をファイルにつなげる．たとえば

```
$ run > log
```

とすると，run の結果が log というファイルに書き出される．

　ただし，プログラムの出力には "標準出力" と "標準エラー出力" がある．"標準エラー出力" は，エラーの出力に使われる．">" では，標準出力だけがファイルに書き出される．標準エラー出力もリダイレクトするには次のようにする．

```
$ run > log 2>&1
```

### ■ >>

　">" の場合はファイルを新しくつくるが，">>" はコマンドの出力をファイルの末尾に追加する．

```
$ run >> log
```

### ■ | (パイプ)

　コマンドの出力を別のコマンドの入力につなぐ．たとえば

```
$ run | grep -i error
```

とすると，run の出力を grep コマンドに渡して，grep を実行することになる．

■ &

コマンドの末尾につけると，バックグラウンドでの実行を意味する．

```
$ run &
```

## B.6 キーバインド

Ctrl キーを押しながらあるキーを押すような形のショートカットキーが使える．これを "キーバインド" とよぶ．

Ctrl + C

フォアグラウンドで実行中のジョブを強制終了する．

Ctrl + D

EOF (End Of File) を入力する．Python の終了などに使うことがある．

Ctrl + S / Ctrl + Q

Ctrl + S で画面を停止，Ctrl + Q で再開する．ふつう使わないが，うっかり Ctrl + S を押してしまったときは Ctrl + Q で戻ると覚えておけばよい．

Ctrl + L

画面をクリアする．

Ctrl + A

行頭に移動する．

Ctrl + E

行末に移動する．

Ctrl + W

直前の単語を削除する．

Ctrl + U

カーソル以前の文字を削除する．

Ctrl + K

カーソル以降の文字を削除する.

Ctrl + Y

削除した文字を貼り付ける.

Ctrl + Z

フォアグラウンドで実行中のジョブを一時停止する.

## B.7　コマンドの補完

コマンド入力の途中，Tab を押すと入力が補完される．候補がいくつかあるときは候補が表示される.

## B.8　コマンド履歴

実行したコマンドは記録されている．実行したコマンドを再度実行したい場合は，↑，↓ キーで履歴をたどることができる.

## B.9　変数と環境変数

シェルでは変数を定義できる．変数には "環境変数" という環境設定用の特別な変数がある．環境変数はシェルや各種プログラムが参照する.

"env" コマンドで，設定されている環境変数を確認できる.

```
$ env
```

環境変数 "PATH" の値を確認するには，次のようにする.

```
$ echo $PATH
```

"echo" は引数を文字列として出力するコマンドである．シェルは "$..." の形で表された単語を変数として，その値に置き換えるので，上のコマンドで変数の値を確認できる.

シェルでは，次のようにして変数を定義することができる.

```
$ VAR=value
$ echo $VAR
```

しかし，これは変数が定義されただけで，環境変数にはなっていない (env のリストに出てこない)．これを環境変数にするには次のようにする．

```
$ export VAR
```

これで，env の出力の中に "VAR" が出てくるようになる．次のように，一度で環境変数を定義することもできる．

```
$ export VAR=value
```

一番重要な環境変数は "PATH" である．PATH には実行ファイルのあるディレクトリのパスのリストが設定してあり，これらのパスに含まれる実行ファイルは，いちいちそのファイルまでのパス ("フルパス" という) を指定しなくても，ファイル名だけで実行できる．PATH には "：" (コロン) で区切られたパスのリストを設定する (たとえば "/bin:/sbin:/usr/bin:/usr/sbin" など)．PATH に "~/bin" というパスを追加するには，次のようにする．

```
$ export PATH=~/bin:$PATH
```

値に "$PATH" を使っていることに注意する．$PATH の前に新しいパスを追加している形になっている．そうしないと，既存のパスが消えることになる．パスを追加することを "パスを通す" といったり，コマンドが実行できないときには "パスが通っていない" といったりすることがある．

## B.10　設定ファイル

bash の場合，ホームディレクトリの ".bashrc" が設定ファイルとして起動時に読み込まれる．PATH の設定などはこの中に書いておく．

.bashrc を書き換えた後，設定を有効にするには，端末を再起動するか，次のようにする．

```
$ . ~/.bashrc
```

## B.11　コマンド集

Linux の主要なコマンドを紹介する．以下では "file"，"file1"，"file2" などは任意のファイル名，"dir" は任意のディレクトリ名を表している．

## B.11.1　基本コマンド

### ■ ls

ディレクトリ内のファイルを表示する.

```
$ ls
```

引数なしだと, カレントディレクトリのファイルを表示する.

```
$ ls dir
```

ディレクトリを指定すると, 指定したディレクトリの中にあるファイルを表示する.
上の例では, ディレクトリ dir の中身が表示される.

```
$ ls -l
```

オプション "-l" をつけると, ファイルのアクセス権や所有者, サイズなどを表示
する.

```
$ ls -a
```

".bashrc" などのように名前のはじめにピリオドが付くファイル ("ドットファイ
ル" という) は, ls ではふつう表示されない. それらを表示するには, オプション
"-a" を指定する.

### ■ cd

ディレクトリを移動する.

```
$ cd dir
```

ディレクトリを指定すると, カレントディレクトリから指定のディレクトリに移動
する. 上の例では, ディレクトリ dir の中に移動する.

```
$ cd ..
```

親ディレクトリに戻るには ".." を指定する.

```
$ cd
```

引数なしだと, ホームディレクトリに移動する.

### ■ pwd

カレントディレクトリのパスを表示する.

```
$ pwd
```

■ mkdir

ディレクトリを作成する.

```
$ mkdir dir
```

上の例では，"dir" という名前のディレクトリが作成される.

■ rm

ファイルを削除する.

```
$ rm file1 file2
```

上の例では，file1，file2 というファイルが削除される.

```
$ rm -r dir
```

オプション "-r" をつけると，ディレクトリを削除できる. 上の例では，ディレクトリ dir が中身のファイルごと削除される.

■ mv

ファイルを移動する.

```
$ mv file dir
```

ファイル file を ディレクトリ dir に移動する.

```
$ mv file1 file2 dir
```

複数のファイルを指定したとき，最後がディレクトリの場合は，それ以前のファイルをそのディレクトリに移動する. 上の例では，file1，file2 というファイルを，ディレクトリ dir に移動する.

```
$ mv file1 file2
```

名前の変更もできる. 上の例では，ファイル "file1" の名前を "file2" という名前に変更する.

■ cp

ファイルをコピーする.

```
$ cp file1 file2
```

ファイル file1 を "file2" という名前の新しいファイルとしてコピーする.

```
$ cp file dir
```

ファイル file をディレクトリ dir の中にコピーする.

```
$ cp file1 file2 dir
```

　複数のファイルを指定して,最後がディレクトリだと,それ以前のファイルをその
ディレクトリにコピーする.上の例では,ファイル file1, file2 をディレクトリ
dir の中にコピーする.

### ■ cat
　複数のファイルを結合する.

```
$ cat file1 file2 > file3
```

　ファイル file1 と file2 の中身を結合して新しいファイル file3 をつくる.

### ■ chmod
　アクセス権を変更する.
　"ls -l" でのアクセス権の確認の仕方を説明する."ls -l" では,アクセス権は次
のように表示される.

```
-rw-r--r--
```

　アクセス権は 10 文字で表される.はじめの 1 文字は,ファイルなら "-",ディレク
トリなら "d",リンクなら "l" となる.残りは三つずつ所有者,グループ,その他向
けのアクセス権を意味する.三つはそれぞれ読み取り "r",書き込み "w",実行 "x"
となる.上の例では,所有者は読み取り・書き込み可能,グループのユーザーとその
他は読み取りのみ可能ということを意味している.
　chmod では,"u" で所有者,"g" でグループ,"o" でその他を表す."+" で許可を
与える,"-" で許可を与えないようにする."r" で読み取り,"w" で書き込み,"x"
で実行許可を指定する.
　たとえば,ファイル "file" に対して,所有者にのみ実行許可を与える場合,次の
ようにする.

```
$ chmod u+x file
```

　ファイル file に対して,所有者以外からの読み取り許可を外すには,次のように
する.

```
$ chmod go-r file
```

　ファイル file に対して,すべてのユーザーに読み取り許可を与える場合,次のよ
うにする.

```
$ chmod +r file
```

アクセス権を数字で指定することもできる．所有者，グループ，その他のアクセス権それぞれを数字1文字で表し，アクセス権を3桁の数字で表す．4が読み取り，2が書き込み，1が実行を意味し，読み取り・書き込み許可は $4 + 2 = 6$，読み取り・実行許可は $4 + 1 = 5$，すべて許可は $4 + 2 + 1 = 7$ になる．

たとえば，ファイル file に対して，所有者には読み取り・書き込み許可，それ以外には読み取り許可を指定するには，次のようにする．

```
$ chmod 644 file
```

上の例に実行許可を加える場合は，以下のようになる．

```
$ chmod 755 file
```

### ■ ln
リンクを作成する．

```
$ ln -s file1 file2
```

ファイル file1 を指す "file2" というリンク（シンボリックリンク）をつくる．リンクは，あたかもそれがリンク先のファイルであるかのように振る舞う．上の例では，file2 にアクセスすると，file1 にアクセスするのと同じことになる．

### ■ touch
ファイルのアクセス日時や更新日時（タイムスタンプ）を変更する．

```
$ touch file
```

上の例では，ファイル file のタイムスタンプを現在の日時に変更する．

指定したファイルが存在しない場合，空のファイルが新しく作成されるので，空のファイルを作成する用途で用いられることが多い．

### ■ head
ファイルの先頭の内容を出力する．

```
$ head -n 30 file
```

オプション "-n" で出力する行数を指定できる．上の例ではファイル file の内容の先頭30行が出力される．

## ■ tail

ファイルの末尾の内容を出力する.

```
$ tail -n 30 file
```

　オプション "-n" で出力する行数を指定できる. 上の例ではファイル file の内容の末尾 30 行が出力される.

　オプション "-f" を使うと, ファイルの出力が終わってもコマンドを止めない. ファイルの末尾に新しく内容が追加された場合, それらが出力される. これは, 実行中のプログラムのログをリアルタイムに確認したい場合などに用いる. コマンドを停止するには Ctrl + C を入力する.

## ■ less

ファイルの中身を表示する.

```
$ less file
```

　上の例では, ファイル file の中身が表示される.
　操作キーは次のようになる.

| | |
|---|---|
| J | 下へ移動 |
| K | 上へ移動 |
| F , Space | 大きく下へ移動 |
| B | 大きく上へ移動 |
| Shift + G | ファイルの末尾へ移動 |
| G | ファイルの先頭へ移動 |
| / (スラッシュ) の後に単語を入力 | 単語を検索 |
| N | 下へ検索 |
| Shift + N | 上へ検索 |
| Q | 終了 |

## ■ grep

ファイル内から文字列を検索する.

```
$ grep -n error file
```

　ファイル file の中から "error" という文字列を探す. "-n" は文字列を含む行の番号を表示させるオプションである.

```
$ grep -in error file
```

オプション "-i" をつけると，検索文字の大文字・小文字を区別しない．

```
$ grep -rin error .
```

オプション "-r" をつけると，ディレクトリ内すべてのファイルに対して文字列を検索する．

## ■ find

ファイルを探す．

```
$ find
```

引数なしだと，カレントディレクトリ以下のファイルをすべて表示する．オプション "-name" でファイルを探せる．たとえば，"file" という名前のファイルを探すには，次のようにする．

```
$ find -name file
```

アスタリスクも使える．

```
$ find -name "test*"
```

上の例では，名前が "test" から始まるファイルを探す．

## ■ tar

ファイルをまとめ，圧縮したり，展開したりする．

```
$ tar cvzf dir.tar.gz dir
```

ディレクトリをまとめ，gzip 圧縮する．上の例では，ディレクトリ dir を "dir.tar.gz" という圧縮ファイル名で圧縮する．

圧縮ファイル "dir.tar.gz" を展開するには，次のようにする．

```
$ tar xvzf dir.tar.gz
```

## ■ du

ファイルのサイズを表示する．

```
$ du -h file
```

ファイル file のサイズを表示する．オプション "-h" をつけると，わかりやすく単位をつけてくれる．

ディレクトリ dir のサイズを表示するには，次のようにする．

```
$ du -sh dir
```

### ■ man
コマンドのマニュアルを表示する.

```
$ man less
```

　上の例では，less コマンドのマニュアルを表示する．操作は less と同じである．

## B.11.2　プロセス管理

### ■ jobs
実行中のジョブを表示する.

```
$ jobs
```

　ジョブの番号が表示される．番号に "+" がついたものは "カレントジョブ" を表す.

### ■ bg
停止中のジョブをバックグラウンドで実行する.

```
$ bg %1
```

　フォアグラウンドジョブが実行中に Ctrl+Z を入力すると，ジョブが停止する．
bg はそのジョブをバックグラウンドで実行させる．引数の番号は jobs で表示される
るジョブの番号である．引数なしだと，カレントジョブに操作が適用される.

### ■ fg
実行中のバックグラウンドジョブ，あるいは停止中のジョブをフォアグラウンドで
実行する.

```
$ fg %1
```

　引数の番号は jobs で表示されるジョブの番号である．引数なしだと，カレントジョ
ブに操作が適用される.

### ■ nohup
シェルが終了してもコマンドが実行し続けるようにする.

```
$ nohup run &
```

　上の例では，コマンド run を実行している．コマンドをバックグラウンドで実行し

ても，シェルを終了する (端末を閉じる) と，コマンドは終了する．nohup は，シェルのジョブではなくシステムのプロセスとして実行する．

### ■ ps
実行中のプロセスを表示する．

```
$ ps
```

引数なしだと，シェルが実行中のプロセスを表示する．

```
$ ps u
```

自分が実行中のプロセスを，他のシェルが実行中のものも含めて表示する．

```
$ ps ux
```

自分が実行中のプロセスをシェルに結びついていないものも含めて表示する．

```
$ ps aux
```

自分以外のユーザーのプロセスも含めて表示する．

### ■ kill
プロセスを停止する．

```
$ kill 1234
```

プロセス ID を指定してプロセスを停止する．上の例では，プロセス ID 1234 のプロセスを停止する．プロセス ID は ps コマンドで取得できる．

また，ジョブ番号で停止するプロセスを指定することもできる．

```
$ kill %1
```

kill コマンドはプログラムに"シグナル"を送るプログラムである．シグナルの指定なしではシグナル "TERM" (terminate) を送るが，これは"終了してください"というニュアンスである．これで止まらないプログラムもあり，その場合は次のようにシグナル "KILL" を送る．

```
$ kill -KILL 1234
```

こちらが本当の強制終了である．

## B.11.3   システム情報

### ■ df

ファイルシステムの容量を表示する.

```
$ df -h
```

オプション "-h" で, わかりやすく単位をつけてくれる.

### ■ free

メモリの容量を表示する.

```
$ free -m
```

オプション "-m" で, MB 単位で表示する.

### ■ /proc/cpuinfo

コマンドではないが, CPU 情報を取得できるファイルである (本当のファイルではなく, ファイルのふりをしたもの). less コマンドで内容を表示できる.

```
$ less /proc/cpuinfo
```

### ■ ifconfig

ネットワークインターフェイスの情報を表示する.

```
$ ifconfig
```

IP アドレスや MAC アドレスを取得できる.

## B.11.4   システム管理

### ■ su

ユーザーを変更する.

```
$ su
```

引数なしだと root に変わろうとする. パスワードを聞かれる. システムによっては, root になれないものもある (Ubuntu など).

### ■ sudo

root としてコマンドを実行する.

```
$ sudo gedit /etc/rc.local
```

sudo 以下を root のコマンドとして実行する．上の例では，root 権限で gedit により /etc/rc.local を開いている．通常はパスワードを聞かれる．sudo を使うには設定が必要である (初めから使えるように設定されているシステムもある)．sudo でしか root のコマンドを実行できないシステムもある (Ubuntu など)．

## B.12　Linux の強制終了

滅多に使うものではないが，画面がまったく反応しなくなったりした場合など，Linux の強制終了や再起動が必要になるときがある．

Linux の強制終了や再起動には，SysRq (Alt+PrintScreen) キー (MagicSysRq キー) を使う．

- 終了: Alt+PrintScreen を押しながら，R, S, E, I, U, O と押す．
- 再起動: Alt+PrintScreen を押しながら，R, S, E, I, U, B と押す．

キーにはそれぞれ意味がある[32]．

# 付録C

# ParaView 入門

## C.1　はじめに

　ParaView[33] は数値解析結果を可視化するためのソフトであり，OpenFOAM の標準の可視化ソフトとして使われている．ここでは，ParaView の基本的な操作方法を解説する．ParaView のバージョンは 5.6.3 を想定する．

## C.2　データを開く

　OpenFOAM のデータを ParaView で開くには，二つの方法がある．一つは Open-FOAM に用意されている paraFoam を使う方法，もう一つは "case.foam" のように ".foam" という拡張子をもつ空ファイルをつくってそれを開く方法である．paraFoam の場合は，ファイルの作成は必要ないが，OpenFOAM 付属のプラグインを用いてデータが開かれる．".foam" ファイルを開く方法では，ParaView に組み込まれた OpenFOAM リーダーが用いられる．プラグインと組み込みリーダーは操作画面や備えている機能が若干異なる．paraFoam でも "-builtin" オプションを用いれば，組み込みリーダーでデータを開くことができる．

　以下は標準的な手順である．

1. ParaView を起動する (図 C.1).
2. 左上の "Open" ボタンを押して (図 C.2)，ファイルを選択する．
3. 左の "Apply" ボタンを押すと (図 C.3)，モデルが表示される．

## C.3　ParaView の概念

　ParaView の概念を簡単に説明する．用語として，"ソース" と "フィルター" というものがある．データが "ソース" で，それを加工するものが "フィルター" である．"フィルター" を通した結果もまた "フィルター" にかけることができる．ParaView

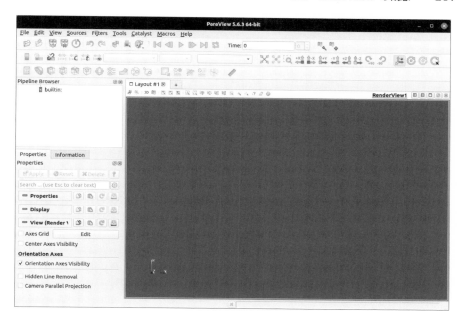

図 **C.1** ParaView のメイン画面

図 **C.2** ファイルの
オープン

図 **C.3** Properties タブ

は "ソース" → "フィルター" → "フィルター" ... の結果をレンダリング (描画) す
る. このつながり ("パイプライン") は枝分かれすることもできる. その様子は, 画
面左の "Pipeline Browser" に表される.

　図 C.4 は, 読み込んだデータ "case.foam" に対してフィルター "Extract Surface"
を使い, さらにそれに重ねてフィルター "Feature Edges" を使っていることを表して
いる. また, それとは別に, "case.foam" に対して "Stream Tracer" を使っている
ことも表している. "Feature Edges" と "Stream Tracer" の結果が表示されている
(目のマークで色が濃いものが "表示" を表す).

　ソースおよびフィルターは, メニューの "Sources", "Filters" でそれぞれ追加する
ことができる. フィルターはどのソースに適用するかによって結果が変わる. フィル
ターを適用するときには, どのソースに適用すべきか考えよう. 基本は, ファイルを

**図 C.4**　Pipline Browser

開いたときにできるソースである．フィルターにフィルターを重ねれば，細かい処理を行うことができる．

## C.4　モデルの表示

モデル表示画面上でマウスをドラッグすると，視点が動く．

- 左ボタンドラッグ: 回転
- 中央ボタンドラッグ: 平行移動
- 右ボタンドラッグ/ホイール: 拡大・縮小

画面の上にあるボタン群 (図 C.5) でもカメラを操作できる．

一番左のボタンは，可視化されているモデル全体が見えるようにカメラを合わせる．左から 2 番目のボタンは，ツリーで選択されているデータ全体にカメラを合わせる．左から 3 番目のボタンは，選択範囲を拡大する．残りはカメラを座標軸に沿わせたり，回転させたりするボタンである．右から 3 番目のボタンを押すと，カメラが初期状態と同じ方向を向く．

モデルの表示の仕方にはいくつかある．よく使うものは，"Surface" と "Surface With Edges" である．切り替えは画面左の "Properties" タブの "Display" 内の "Representation" で行うか，画面の上にあるコントロールで行う (図 C.6)．

**図 C.5**　Camera Controls　　　　**図 C.6**　Representation Toolbar

サーフェイスの色の種類は，画面の上にあるコントロールで切り替える (図 C.7)．

"Solid Color" の色は，図 C.8 のボタンで選択することができる．

また，サーフェイスを半透明にすることができる．"Properties" タブの "Display" にある "Styling" 内の "Opacity" の値を 1 より小さく (0.5 などに) すれば，サーフェイスが半透明になる．

図 **C.7** 表示する色を選択する
ドロップダウンリスト

図 **C.8** "Edit Color
Map" ボタン

　背景色が気に入らない場合は，"Properties" タブの "Background" で色を変えることができる (表示されていなければ，一番上にある歯車ボタンを押す). また，その上の "Camera Parallel Projection" で透視投影/平行投影を切り替えることができる.

## C.5　特徴線の表示

　ParaView のバージョンが 5.6 以上であれば，"Representation" で "Feature Edges" を選択することで，モデルの特徴線 (アウトライン) を表示させることができる. ただ，この方法だと "Surface" 表示などと同時に特徴線を描かせたりはできない.
　フィルターによって特徴線を表示するには，以下のようにする.

1. メニュー [Filters] → [Alphabetical] から "Extract Surface" を選んで，"Apply" ボタンを押す.
2. メニュー [Filters] → [Alphabetical] から "Feature Edges" を選んで，"Apply" ボタンを押す.
3. Extract Surface の表示が不要ならば，画面左の "Pipeline Browser" の Extract Surface の結果の左にある目のマークをクリックして非表示にする.

　フィルターを選ぶには，[Ctrl]+[Space] を押してフィルター名を入力する方法もある. タイピングが速い人ならば，そちらのほうがメニューから選ぶよりも速いかもしれない.

## C.6　任意の境界だけを表示する

　任意の境界だけを表示させたい場合は，フィルター "Extract Block" を使う. 境界がブロックとしてリストアップされるので，表示したいものだけチェックして，"Apply" ボタンを押す.

## C.7　セル値・節点値の作成

　流線やベクトルを描くには節点データが必要である．もしデータがセルデータしか含んでいない場合は，フィルターの "Cell Data To Point Data" を使って，セルデータから節点データをつくることができる．逆に，節点データからフィルター "Point Data To Cell Data" でセルデータをつくることもできる．

## C.8　値の分布の表示

　速度や温度，圧力などの分布を表示させるには，サーフェイスの色の種類を "Solid Color" の代わりに，表示したい値に切り替えるだけである．

　カラーバーを表示するには，画面左上にある図 C.9 のボタンを押す．"Rescale to Data Range" ボタン (図 C.10) を押すと，色の範囲が全範囲に調整される．色の範囲を任意に調整するには，"Rescale to Custom Range" ボタン (図 C.11) を用いる．

　カラーバーの細かい設定を行うには，"Edit Color Map" ボタン (図 C.12) を押す．

図 **C.9**　"Toggle Color Legend Visibility" ボタン　　図 **C.10**　"Rescale to Data Range" ボタン　　図 **C.11**　"Rescale to Custom Range" ボタン

　色が気に入らない場合は，"Choose Preset" ボタンを押して表示されるダイアログ (図 C.13) で変更することができる (右上の歯車ボタンを押すと，選択できる項目が増える)．

図 **C.12**　"Edit Color Map" ボタン　　　　図 **C.13**　"Choose Preset" ダイアログ

## C.9　流線の表示

　流線を表示するには，フィルターの "Stream Tracer" を使う (節点の流速ベクトルが必要)．メニューから選ぶか，画面の上にある図 C.14 のボタンを押す．

図 C.14　"Stream Tracer" ボタン

　"Properties" タブの "Vectors" で速度ベクトル "U" を選び，"Apply" ボタンを押すと流線が表示される．

　流線の発生の仕方には 2 通りあり，それは "Properties" タブの "Seed Type" で選択できる．"Point Source" は，点というよりは大きさをもった球から流線を発生させる．"High Resolution Line Source" は，線分から流線を発生させる．点や線分は，マウスでつかんで移動させることができる．

　面から流線を発生させるには，フィルター "Extract Block" で面を用意して，フィルター "Stream Tracer With Custom Source" を使う．メニューからフィルターを選ぶと "Input" と "Source" をどのソースにするか聞かれるので，"Input" には節点値の流速ベクトルデータを含むものを，"Source" には Extract Block でつくったものを選ぶ．

　流線の長さが足りない場合は，"Properties" タブの "Maximum Streamline Length" の値を大きくする．"Stream Tracer" には，さらに "Ribbon" や "Tube" などのフィルターを適用できる．

## C.10　ベクトルの表示

　ベクトルを表示するには，フィルターの "Glyph" を使う (節点の流速ベクトルが必要)．メニューから選ぶか，画面の上にある図 C.15 のボタンを押す．

図 C.15　"Glyph" ボタン

"Properties" タブの "Vectors" で速度ベクトルを選び，"Apply" ボタンを押すとベクトルが表示される．"Vectors" の下の "Glyph Type" でベクトルの表示の種類を選べる．FLUENT に近い表示にするには，"2D Glyph" を選ぶとよい．

上記のベクトルは節点に表示される．セル中心でベクトルを表示させるには，フィルター "Cell Centers" を適用し，それにフィルター "Glyph" を適用する（"Cell Centers" を適用するソースには，セルの速度ベクトルが含まれる必要がある）．

## C.11 スライス

モデル断面の値の分布を見るには，フィルターの "Slice" を使う．メニューから選ぶか，画面の上にある図 C.16 のボタンを押す．

図 C.16 "Slice" ボタン

"Properties" タブで断面位置を設定し，"Apply" ボタンを押すと断面の分布が得られる．断面の位置は，画面上でマウスでつかんで動かすこともできる．画面の断面表示が邪魔なときは，"Show Plane" のチェックを外せば見えなくなる．

## C.12 クリップ

モデルをある断面位置以降だけ表示させるには，フィルターの "Clip" を使う．メニューから選ぶか，画面の上にある図 C.17 のボタンを押す．

図 C.17 "Clip" ボタン

"Properties" タブで断面位置を設定して "Apply" ボタンを押すと，断面の法線方向にある断面以降の部分だけが表示される．断面の位置は，画面上でマウスでつかんで動かすこともできる．画面の断面表示が邪魔なときは，"Show Plane" のチェックを外せば見えなくなる．

## C.13 等値面の表示

値の等値面を表示させるには，フィルターの "Contour" を使う．メニューから選ぶか，画面の上にある図 C.18 のボタンを押す．

図 **C.18** "Contour" ボタン

"Properties" タブの "Contour" の "Contour By" で表示に使用する値を選び，"Isosurfaces" で値を設定して "Apply" ボタンを押すと，等値面が表示される．

## C.14 値が任意の範囲にあるセルだけを表示

フィルター "Threshold" を使うと，ある値の範囲にあるセルだけを表示させることができる．フィルターをメニューから選ぶか，画面の上にある図 C.19 のボタンを押す．

図 **C.19** "Threshold" ボタン

"Properties" タブの "Scalars" で対象とする値を選び，"Minimum" と "Maximum" を設定して "Apply" ボタンを押すと，設定した範囲に値が含まれるセルだけが表示される．

## C.15 任意の式による値の表示

フィルター "Calculator" で任意の式により結果を加工して表示させることができる．フィルターをメニューから選ぶか，画面の上にある電卓のようなボタン (図 C.20) を押す．

"Properties" タブの電卓のようなコントローラで式をつくり，"Apply" ボタンを押すと，新しい値が作成される．

これによって，たとえばケルビン単位の温度から摂氏単位の温度をつくったり，

図 C.20　"Calculator" ボタン

他のフィルターで利用するためにベクトルからスカラーをつくったりすることができる.

## C.16　任意の位置の数値の取得

　任意の位置の数値を知りたい場合は, フィルター "Probe Location" を使う. フィルターをメニューから選び, 値を取りたい点までマウスを移動して, Pキーを押して設定し, "Apply" ボタンを押す. プローブ位置の座標は "Properties" タブの "Points" に表示されるが, 値は表示されない. 値を見るには, スプレッドシートを表示する. モデル画面の右上にある小さなボタン (図 C.21) から, "Split Horizontal" か "Split Vertical" を押す. 画面が縦あるいは横に割られる.

図 C.21　"Split Horizontal", "Split Vertical" ボタン

　新しい画面が出てきてボタンが表示されるので, "Spreadsheet View" を押す. スプレッドシート上に, 選んだ点の値が表示されているはずである. "Probe Location" の点の位置を変えるのに応じて, スプレッドシートの値が変わるのを確認できる.

　また, データを直接スプレッドシート表示することで, 任意のセルや点の値を調べることもできる. スプレッドシートの行を選択すると, 対応するセルや点にマーカーがつく. ただ, これでは目的の場所の値を見つけにくいときがある. その場合は, 表示範囲を直接画面で選択する. 図 C.22 のようなボタンで点やセルを選択できる.

　メニュー [View]→[Selection Display Inspector] を表示させて, セルや点を選択すると ID がわかるので, スプレッドシートで選択部分の値を調べることができる. また, 画面に情報を直接表示させることもできる. "Selection Display Inspector" の

図 C.22　セルや点を選択

"Cell Labels" や "Point Labels" のプルダウンメニューで，ラベル ID や速度などの表示する内容を選ぶことができる．

　セルや点の値の最大値や最小値が必要なときは，スプレッドシートの項目をクリックしてソーティングすればよい．行を選択すればマーカーがつく．それでわかりにくい場合は，フィルター "Extract Selection" を使って選択した部分だけを表示させることができる．

## C.17　グラフの表示

　フィルター "Plot Over Line" で，線分上の値のグラフを描かせることができる．フィルターをメニューから選んで，"Properties" タブで線分の設定をし，"Apply" ボタンを押すと，グラフ画面が表示されてグラフが描画される．

　グラフの設定は，"Properties" タブで行う．"Properties" タブの "Display" は，モデル画面が選択されているかグラフ画面が選択されているかで挙動が変わるので注意する．画面の選択は画面のクリックで切り替わる．選択されている画面は，青い線で囲まれている．

　フィルター "Plot Selection Over Time" で，セルや点，スプレッドシードなど選択部分に対して，時系列のグラフを描かせることができる．

## C.18　値の積分

　ボリュームやサーフェイスで値を積分するには，フィルター "Integrate Variables" を使う．フィルターをメニューから選び，"Properties" タブの "Apply" ボタンを押すとスプレッドシートが表示され，そこから各種積分値が得られる．

　スプレッドシートの "Attribute" を "Cell Data" にすると，積分領域の体積や面積を得ることができる．値の平均値を求めたい場合は，積分値をこの体積や面積で割る．"Integrate Variables" フィルターでつくったソースに "Calculator" フィルターを適用すると，セルのスカラー値として体積や面積を使用できるので，"Calculator" で平均値を計算させることもできる．

　サーフェイスに "Surface Flow" フィルターを流速ベクトルに適用すると，サーフェイスの体積流量を得ることができる．値はスプレッドシートから得られる．密度がわかっているなら，得られた体積流量に密度をかけるか，密度に速度をかけたベクトルを "Calculator" フィルターでつくり，それに "Surface Flow" フィルターを適用することで，質量流量を得ることができる．

## C.19    画面を画像として保存する

画面を画像として保存するには，メニュー [File]→[Save Screenshot...] を使う．

## C.20    アニメーション

アニメーションを行うには，時系列のデータを用意する．OpenFOAM の場合，"0"，"0.1"，"0.2"，... などの時刻データがあれば，ParaView はそれをひと続きの時系列データとして読み込む．

アニメーションの操作には，画面の上にあるボタン群 (図 C.23) を使う．

図 **C.23**    Time Control

アニメーションを保存するには，メニュー [File]→[Save Animation] を使う．

## C.21    表示の設定の保存と読み込み

表示の設定を保存したり，読み込んだりするには，メニュー [File]→[Save State] と [Load State] を使う．

## C.22    もっと学ぶために

ParaView をもっと使いこなすためには，ParaView の Wiki サイトにあるチュートリアル[34] を学ぶとよい．

# 付録 D

# FreeCAD による形状の作成

## D.1 はじめに

　snappyHexMesh により OpenFOAM 用のメッシュを作成するには，別途形状をつくる必要がある．ここでは，FreeCAD[8] により snappyHexMesh 用の形状を作成する方法を示す．FreeCAD のバージョンは 0.19 を想定する．

## D.2 FreeCAD 入門

### D.2.1 FreeCAD の起動

　FreeCAD がインストールされていれば，デスクトップメニューからアイコンを選択するか，端末で "freecad" と打ち込むことで FreeCAD を起動できる (図 D.1)．DEXCS2020 for OpenFOAM の場合は，デスクトップ左端にあるランチャーから起動できる (図 D.2)．

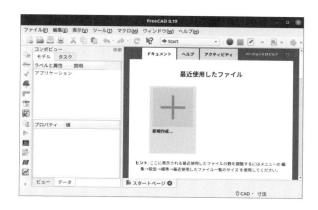

図 D.1　FreeCAD 起動画面

図 D.2　FreeCAD 起動
用アイコン

### D.2.2　新規

FreeCAD を起動したら，メニュー [ファイル]→[新規] で新規ドキュメントを作成する．

### D.2.3　ワークベンチ

FreeCAD は "ワークベンチ" とよばれるモジュールを切り替えて使う．ワークベンチの切り替えはメニュー [表示]→[ワークベンチ] で行うか，(図 D.3) のリストで行う．

図 **D.3**　ワークベンチ選択リストで "Part" ワークベンチを選択

よく使われるものは "Part"，"Draft"，"Part Design" などである．

以下にツールバー/ツールボタンについて説明する箇所では，ワークベンチに固有のツールはワークベンチ名とあわせて表示する．

### D.2.4　マウスによる画面操作

3D 表示画面のマウス操作にはいくつかのスタイルがあり，右クリックで出るポップアップメニューの "ナビゲーションスタイル" で切り替える．ここでは二つ挙げる (表 D.1，D.2).

表 **D.1**　Inventor navigation

| | |
|---|---|
| 回転 | 左ボタンドラッグ |
| 平行移動 | 中央ボタンドラッグ |
| 拡大・縮小 | ホイール回転/中央ボタン + 左ボタン上下ドラッグ |
| オブジェクトの選択など | (Ctrl) + 左クリック |

表 **D.2**　CAD navigation

| | |
|---|---|
| 回転 | 中央ボタン + 左ボタンドラッグ |
| 平行移動 | 中央ボタンドラッグ |
| 拡大・縮小 | ホイール回転 |
| オブジェクトの選択など | 左クリック |

### D.2.5 視点の操作

視点の切り替え方法を表 D.3 に挙げる.

表 D.3 視点の切り替え方法

| | |
|---|---|
| 全体を表示 | ポップアップメニューの "Fit all"/ツールバーの同アイコン |
| 選択部分を拡大表示 | ⎡Ctrl⎤＋⎡B⎤ の後, 左ボタンドラッグで範囲を選択 |
| 各方向への視点の切り替え | ⎡0⎤ ～ ⎡6⎤ ボタン |

### D.2.6 オブジェクトの作成・削除

#### ■ Part ワークベンチ：ソリッドの作成 (図 D.4)

ボタンを押したらすぐにソリッドがつくられる. 寸法などはツリーで編集する.

図 D.4 ソリッドツールバー

#### ■ Draft ワークベンチ：線などの作成 (図 D.5)

パラメタを問い合わせてくるので, マウスで指定する.

画面左上に問い合わせ内容が表示される (図 D.6). 正確な数値の指定が必要な場合は, キーボードで指定できる (⎡Enter⎤ で先に進む).

図 D.5 "Draft creation" ツールバー

図 D.6 円のサイズ設定画面

■オブジェクトの削除

オブジェクトの削除は，オブジェクトを選択してポップアップメニュー (画面右クリック) "削除"か，⎡Del⎤キーを押す.

### D.2.7 オブジェクトのプロパティの編集

オブジェクトのプロパティの編集は "コンボビュー"(図 D.7) で行う.

画面かツリーでオブジェクトを選択すると，そのプロパティが表示される."データ"タブでオブジェクトの寸法や位置を参照できる."Placement"でオブジェクトの位置や向きを設定できる.また，たとえば円柱の場合，"Height"(高さ) や "Radius"(半径) を設定できる.

図 D.7　円柱のサイズ設定画面

### D.2.8 Draft ワークベンチ：オブジェクトの移動

移動は視点の向きをベースにして行われる.

並行移動 (図 D.8 の左のアイコン) では，始点と終点を指定する.回転 (右のアイコン) では，回転中心と回転開始角度，回転終了角度を指定する.

図 D.8　移動と回転アイコン（"Draft modification" ツールバー）

### D.2.9 Part ワークベンチ：面の掃引によるソリッドの作成

面を引き伸ばしたり (Extrude)，回転押出させたり (Revolve) してボリュームを作成できる (図 D.9)．

**図 D.9** 引き伸ばしと回転押出アイコン
（部品ツールバー）

### D.2.10 Part ワークベンチ：ブーリアン演算

複数のオブジェクトを選択して，ブーリアン演算を行える (図 D.10)．

**図 D.10** ブーリアンツールバー

### D.2.11 Draft ワークベンチ：アップグレード・ダウングレード

複数のオブジェクトをまとめ上げたり (アップグレード，上向き矢印)，バラバラにしたり (ダウングレード，下向き矢印) できる (図 D.11)．ダウングレードで，ソリッドを面に分解したりできる．

**図 D.11** アップグレードとダウングレードアイコン
（"Draft modification" ツールバー）

### D.2.12 オブジェクトの表示・非表示

オブジェクトを選択して $\boxed{\text{Space}}$ で表示・非表示を切り替えられる．

## D.3　モデルの作成

以下では，ミキシングエルボーモデルの作成例を示す (図 D.12)．

左下の入り口を in1，右下の入り口を in2 とする．右上を出口 out とする．また，側面を side とする．基本方針は以下である．

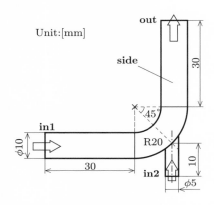

**図 D.12**　ミキシングエルボーモデル (再掲)

- とりあえずオブジェクトを作成して，後から寸法や位置を調整する．
- パラメタ指定は，マウス操作を参考にしながら，キーボードで指定する．

Part ワークベンチ：円柱のアイコン (図 D.13) をクリックして，円柱をつくる (図 D.14)．円柱が見えるように ①キーを押す．オブジェクトを選択して，"コンボビュー" の "データ" タブで，プロパティで "Height = 30"，"Radius = 5" とする．円柱が画面いっぱいになるので，ポップアップメニュー (画面右クリック) で "全てにフィット" する．オブジェクトのプロパティ "Placement" で Y 軸回りに 90°回転させる

**図 D.13**　円柱をつくるアイコン

**図 D.14**　円柱その 1

(Axis を "(0 1 0)" とし, Angle を "90°" とする).

□キーを押して円だけが見えるようにする. Draft ワークベンチ:円のアイコン (図 D.15) をクリックする. 円の中心と半径を聞かれるので, それぞれ "(30, 0, 0)", "5" を指定する (図 D.16).

**図 D.15**　円をつくるアイコン

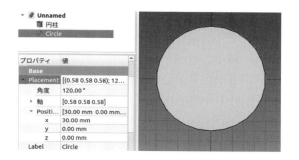

**図 D.16**　円柱その 1 に包接する円

次に□キーを押す. Part ワークベンチ:回転押出アイコン (図 D.17) をクリックする. 円 "Circle" を選択し, 角度 "90°", 回転軸中心 "(30, 0, 15)", 回転軸は Axis の "ユーザー定義..." で "(0, −1, 0)" と設定する (図 D.18).

**図 D.17**　回転押出アイコン

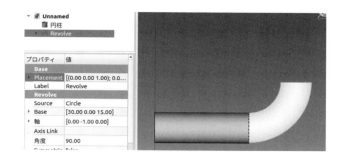

**図 D.18**　曲がり管

Part ワークベンチ:円柱をつくる. プロパティで高さ "30", 半径 "5", 位置 "(45, 0, 15)" を設定する (図 D.19. 位置は Position で設定).

Part ワークベンチ:円柱をつくる. プロパティで高さ "15", 半径 "2.5", 位置 "(0, 0, −10)" を設定する. その円柱を選択した状態で Draft ワークベンチ:回転アイコン (図 D.20) をクリックし, 原点中心で左に 45° 傾ける (視点は□キーを押した状態, "(0, 0, 0)", "0°", "45°" を指定する. 図 D.21).

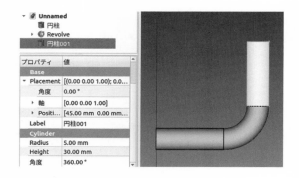

図 D.19　円柱その 2

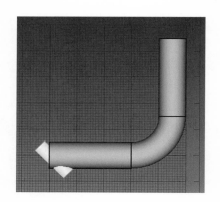

図 D.20　回転アイコン　　　　図 D.21　円柱その 3

Draft ワークベンチ：平行移動アイコン (図 D.22) をクリックし，(50, 0, 15) だけ移動する (“(0, 0, 0)”，“(50, 0, 15)” を指定する．“相対” のチェックは外す．図 D.23).

さらに Draft ワークベンチ：回転アイコン (図 D.20) をクリックし，(30, 0, 15) を中心に右に 45° 回転させる (“(30, 0, 15)”，“0°”，“−45°” を指定する．図 D.24).

オブジェクトをすべて選んで，Part ワークベンチ：和集合アイコン (図 D.25) をクリックする．

メニュー [ファイル]→[名前を付けて保存] で，データを “mixing_elbow” という名前で保存する．

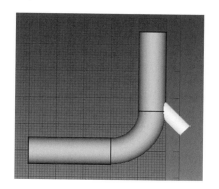

図 D.22 平行移動アイコン　　　　図 D.23 円柱その3を平行移動

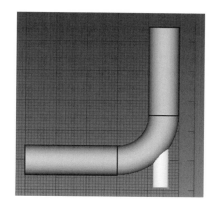

図 D.24 円柱その3を回転移動　　　図 D.25 和集合アイコン

## D.4 境界の設定

　境界条件設定用に境界を指定したい．snappyHexMesh の利用を想定すると，完成した形状を Draft ワークベンチ：ダウングレードアイコン (図 D.26) で面に分解し，境界ごとにまとめ (Part ワークベンチ：和集合)[†]，Mesh Design ワークベンチのメニュー [メッシュ]→[シェイプからメッシュを作成する] でそれぞれの面からメッシュを作成し，それらを STL 形式で出力すればよい．シェイプからメッシュを作成する際のメッシュ作成オプションは "標準" を選び，サーフェス偏差はデフォルトのままとする．サーフェス偏差を小さくすると生成されるメッシュが細かくなり，形状の再現性が向上するが，ファイルサイズが増加する．Netgen や Mefisto など別のオプション

---

[†] "非ソリッドをブーリアン演算に..." という警告が出るが，そのまま "はい" を押す．

図 D.26　ダウングレードアイコン

を用いたほうが良質のメッシュが作成される場合もあるので，標準でのメッシュでは不具合がある場合には，他のオプションも試すとよいだろう．

　STL ファイルの出力は，出力したいメッシュを選び，メニュー［メッシュ］→［メッシュをエクスポート...］で，ASCII STL (*.ast) 形式で保存する．それぞれファイルを開き，`solid`, `endsolid` の後に境界の名前を記入する．

```
solid in1

    ...

endsolid in1
```

　名前を付けたら，ファイルを一つにまとめる．

```
$ cat *.ast > mixing_elbow-mm.stl
```

　境界がたくさんある場合，これを手動で実行するのは大変な作業になる．マクロを作成して自動化することも可能であるが，本書では詳細は省略する．なお，DEXCS2020に搭載されている FreeCAD では，自動化マクロがあらかじめ組み込まれているので，以下のように実行する．

　　1. DEXCS ツールバーの三角形のアイコン（図 D.27）をクリックする．
　　2. 名前に出力ファイル名 "mixing_elbow-mm.stl" を入力して（拡張子.stl はあってもなくてもよい），"保存" を押す．
このマクロで作成される STL ファイルは ASCII STL 形式である．

図 D.27　STL ファイル作成

ParaView で形状を確認する (図 D.28)．

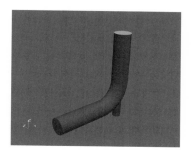

図 **D.28** ParaView で形状確認

## ■ スケールの変換

STL ファイルのスケール (単位) の変換を行うには，OpenFOAM のユーティリティ surfaceConvert を使う．たとえば，mm から m に変換する場合は，コマンドラインで次のように入力する．

```
$ surfaceConvert -scale 0.001 mixing_elbow-mm.stl mixing_elbow.stl
```

# 参考文献

[1] OpenFOAM, OpenCFD, https://www.openfoam.com

[2] OpenFOAM, The OpenFOAM Foundation, https://openfoam.org/

[3] OpenFOAM, The Open Source CFD Toolbox, SourceForge, https://sourceforge.net/projects/foam/files/

[4] OpenFOAM Documentation, https://openfoam.com/documentation/

[5] DEXCS, http://dexcs.gifu-nct.ac.jp

[6] VirtualBox.org, https://www.virtualbox.org/

[7] R.W. Pitz and J.W. Daily：Experimental study of combustion in a turbulent free shear layer formed at a rearward facing step, AIAA paper, 81-106 (1981).

[8] FreeCAD, https://www.freecadweb.org/

[9] cfMesh, Creative Fields, https://cfmesh.com/cfmesh/

[10] T. Marić, J. Höpken and K. Mooney：OpenFOAM プログラミング, 森北出版 (2017).

[11] Netgen Mesh Generator, SourceForge, https://sourceforge.net/projects/netgen-mesher/

[12] SALOME Platform, https://www.salome-platform.org/

[13] 大橋秀雄：流体力学 (1), コロナ社 (1982).

[14] H. Jasak：Error analysis and estimation for the finite volume method with applications to fluid flows, PhD. Thesis, Imperial College, University of London (1996).

[15] B. P. Leonard：A stable and accurate convective modelling procedure based on quadratic upstream interpolation, Comput. Methods Appl. Mech. Eng., 19, 59-98 (1979).

[16] A. Harten：High resolution schemes for hyperbolic conservation laws, J. Comp. Phys., 49, 357-393 (1983).

[17] P. K. Sweby：High resolution schemes using flux limiters for hyperbolic conservation laws, SIAM J. Numer. Anal., 21, 995-1011 (1984).

[18] H. K. Versteeg, W. Malalasekera 原著, 松下洋介, 斎藤泰洋, 青木秀之, 三浦隆利 訳：数値流体力学 [第 2 版], 森北出版 (2011).

[19] B. van Leer：Towards the ultimate conservative difference scheme. IV. A new approach to numerical convection, J. Comput. Phys. 23, 276-299 (1977).

[20] T. J. Barth and D. C. Jespersen：The design and application of upwind schemes on unstructured meshes, AIAA paper 89-0366 (1989).

[21] スハス V. パタンカー 原著，水谷幸夫，香月正司 訳：コンピュータによる熱移動と流れの数値解析，森北出版 (1985).

[22] J. H. ファーツイガー，M. ペリッチ 原著，小林敏雄，大島伸行，坪倉 誠 訳：コンピュータによる流体力学，丸善出版 (2012).

[23] F. Moukalled, L. Mangani and M. Darawish：The Finite Volume Method in Computational Fluid Dynamics, Springer (2016).

[24] C. M. Rhie and W. L. Chow：Numerical Study of the Turbulent Flow Past an Airfoil with Trailing Edge Separation, AIAA Journal, Vol.21, No.11, 1525–1532 (1983).

[25] 白倉昌明，大橋秀雄：流体力学 (2)，コロナ社 (1969).

[26] 吉澤 徹：流体力学，東京大学出版会 (2001).

[27] 数値流体力学編集委員会 編：数値流体力学シリーズ 3 乱流解析，東京大学出版会 (1995).

[28] 梶島岳夫：乱流の数値シミュレーション，養賢堂 (1999).

[29] V. Yakhot, S. Thangam, T. B. Gatski, S. A. Orszag and C. G. Speziale：Development of Turbulence Models for Share Flows by a Double Expansion Technique, NASA Contractor Report 187611 (1991).

[30] F. R. Menter, M. Kuntz and R. Langtry：Ten Years of Industrial Experience with the SST Turbulence Model, Proceedings of the Fourth International Symposium on Turbulence, Heat and Mass Transfer (2003).

[31] Turbulence Modeling Resource, NASA Langley Research Center, https://turbmodels.larc.nasa.gov/

[32] Ubuntu Japanese Team Wiki, UbuntuTips/Others/MagicSysRq, https://wiki.ubuntulinux.jp/UbuntuTips/Others/MagicSysRq

[33] ParaView, https://www.paraview.org/

[34] The ParaView Tutorial, https://www.paraview.org/Wiki/The_ParaView_Tutorial

# 索　　引

## 記号・数字

> 
　コマンド　　192
#calc
　特殊エントリ　　21
#eval
　特殊エントリ　　21
#include
　特殊エントリ　　20
#includeEtc
　特殊エントリ　　20, 75
#includeFunc
　特殊エントリ　　110
$
　特殊エントリ　　20
$FOAM_SOLVERS
　環境変数　　10
$FOAM_SRC
　環境変数　　11
$FOAM_TUTORIALS
　環境変数　　9, 22, 60
$FOAM_UTILITIES
　環境変数　　10
&
　コマンド　　193
0
　ディレクトリ　　16, 72, 76
1 次精度　　147
1 次精度風上差分　　86, 89, 150–152, 154, 157
1 方程式モデル　　165
1 方程式モデル (LES モデル)　　69
2 次元軸対称問題　　43, 71
2 次元問題　　42, 71
2 次精度　　148
2 次精度風上差分　　86, 89, 151, 154, 158

## A

absoluteEnthalpy
　熱物性モデル　　66
absoluteInternalEnergy
　熱物性モデル　　66
adjustableRunTime
　controlDict エントリ　　103, 105
adjustTimeStep
　controlDict キーワード　　131
alphatJayatillekeWallFunction
　境界条件　　76
application
　controlDict キーワード　　102
ascii
　controlDict エントリ　　104

## B

backward
　離散化スキーム　　84, 85
bg
　コマンド　　202
BiCGStab 法　　92, 145
BiCG 法　　92, 145
binary
　controlDict エントリ　　104
BirdCarreau
　粘性モデル　　61
blockMesh
　ユーティリティ　　10, 12, 13, 22, 25, 26, 35, 38, 43, 45
blockMeshDict
　ディクショナリ　　38, 43, 45
boundary
　ディクショナリ　　70, 74
boundaryField
　フィールドファイル　　73
bounded
　離散化スキーム　　87
Boussinesq
　熱物性モデル　　65
Boussinesq 近似　　9, 61, 65, 136, 137
buoyantBoussinesqPimpleFoam
　ソルバー　　9, 136
buoyantBoussinesqSimpleFoam
　ソルバー　　9, 61, 72, 76, 81, 136
buoyantPimpleFoam
　ソルバー　　9, 25, 30, 31, 123
buoyantSimpleFoam
　ソルバー　　9, 62, 67, 72, 76

## C

calculated
　境界条件　　76, 120, 126, 128
Casson
　粘性モデル　　61
cat
　コマンド　　198
cd
　コマンド　　196
cellLimited
　離散化スキーム　　85
cellMDLimited
　離散化スキーム　　85
CFL 条件　　149
cfMesh
　メッシャー　　35, 36
CG 法　　92, 145

checkMesh
　ユーティリティ　10, 55, 57, 88, 98
Cholesky 分解法　145
class
　フィールドファイル　73
CoEuler
　離散化スキーム　84
compressible::alphatJayatillekeWallFunction
　境界条件　76
compressible::alphatWallFunction
　境界条件　128
consecutive gradient　153
consistent
　fvSolution キーワード　98, 122
const
　熱物性モデル　65
constant
　ディレクトリ　16
*controlDict*
　ディクショナリ　16, 101, 103, 104, 109, 123
controlDict エントリ
　adjustableRunTime　103, 105
　ascii　104
　binary　104
　endTime　103
　firstTime　102
　fixed　104
　general　104
　latestTime　102, 110
　nextWrite　103, 108
　noWriteNow　103
　runTime　103
　scientific　104
　startTime　102
　timeStep　103
　writeNow　103, 108
controlDict キーワード
　adjustTimeStep　131
　application　102
　deltaT　103, 104, 123, 131
　endTime　103, 123, 131
　maxCo　104
　purgeWrite　103, 123
　runTimeModifiable　103, 104
　startFrom　102
　startTime　102
　stopAt　102, 103
　timeFormat　104
　timePrecision　104
　writeCompression　104
　writeControl　103
　writeFormat　104
　writeInterval　103
　writePrecision　104
corrected
　離散化スキーム　88

coupled
　代数方程式ソルバー　94
cp
　コマンド　197
CrankNicolson
　離散化スキーム　84, 85
CrossPowerLaw
　粘性モデル　61
cubeRootVol
　乱流モデル　70
cyclic
　境界条件　42, 71, 72
cyclicAMI
　境界条件　42, 71, 72

**D**

ddtSchemes
　fvSchemes キーワード　84, 120, 128
decomposePar
　ユーティリティ　31, 107
*decomposeParDict*
　ディクショナリ　107, 123
deferred correction　87
deltaT
　controlDict キーワード　103, 104, 123, 131
DEXCS for OpenFOAM　4, 174, 217
diagonal
　代数方程式ソルバー　92, 93, 95
DIC
　代数方程式ソルバー　92, 93
DICGaussSeidel
　代数方程式ソルバー　93
DILU
　代数方程式ソルバー　92–95
DILUGaussSeidel
　代数方程式ソルバー　94
dimensions
　フィールドファイル　73
divSchemes
　fvSchemes キーワード　85, 120, 128
DNS　164
dynamicKEqnCoeffs
　乱流モデル　69

**E**

empty
　境界条件　42, 71, 72, 75
endTime
　controlDict エントリ　103
　controlDict キーワード　103, 123, 131
epsilonWallFunction
　境界条件　75, 119
equationOfState
　thermophysicalProperties キーワード　64,
　124
equations
　fvSolution キーワード　98

Euler
　離散化スキーム　　　　　　　84, 85, 128
**Evince**
　ツール　　　　　　　　　　　　　　28
exprFixedValue
　境界条件　　　　　　　　　　　　　82
externalWallHeatFluxTemperature
　境界条件　　　　　　　　　80, 81, 139

**F**

faceCorrected
　離散化スキーム　　　　　　　　　　88
faceLimited
　離散化スキーム　　　　　　　　　　85
faceMDLimited
　離散化スキーム　　　　　　　　　　85
FDIC
　代数方程式ソルバー　　　　　　92, 94
**FFmpeg**
　ツール　　　　　　　　　　　　　　33
**fg**
　コマンド　　　　　　　　　　　　202
fields
　fvSolution キーワード　　　　　　98
fill-in　　　　　　　　　　　　　　145
firstTime
　controlDict エントリ　　　　　　102
fixed
　controlDict エントリ　　　　　　104
fixedFluxPressure
　境界条件　　　　　　　　　　76, 125
fixedGradient
　境界条件　　　　　　　　　　　　138
fixedValue
　境界条件74–76, 80, 116, 117, 125, 127, 138
flowRateInletVelocity
　境界条件　　　　　　　　　　　　　77
**fluent3DMeshToFoam**
　ユーティリティ　　　　　　　　　　35
**fluentMeshToFoam**
　ユーティリティ　　　　　　　　10, 35
**foamCleanPolyMesh**
　ユーティリティ　　　　　　　55, 113
**foamListTimes**
　ユーティリティ　　　　　　　　　113
**foamLog**
　ユーティリティ　　　　　　　　　　28
**foamMonitor**
　ユーティリティ　　　　　　　　　110
**foamToVTK**
　ユーティリティ　　　　　　　　　　58
**FreeCAD**
　ツール　　　　　　　　　　　　　217
　モデラー　　　　　　　　　　　　　35
function object　　　　　　　109–112
*fvSchemes*
　ディクショナリ　　　　16, 83, 120, 128

fvSchemes キーワード　　　　　　　86
　ddtSchemes　　　　　　84, 120, 128
　divSchemes　　　　　　85, 120, 128
　gradSchemes　　　　　　　85, 87
　interpolationSchemes　　　　　88
　laplacianSchemes　　　　　　　87
　snGradSchemes　　　　　　　　88
*fvSolution*
　ディクショナリ　16, 90, 96, 121, 122, 129, 130
fvSolution キーワード
　consistent　　　　　　　　98, 122
　equations　　　　　　　　　　98
　fields　　　　　　　　　　　　98
　momentumPredictor　　　　　　99
　nCorrectors　　　　　　　　　99
　nNonOrthogonalCorrectors　97, 122, 130
　nOuterCorrectors　　　　101, 130
　PIMPLE　　　　　　　　　　130
　preconditioner　　　　　　92, 95
　pRefCell　　　　　　　　98, 139
　pRefPoint　　　　　　　　98, 139
　pRefValue　　　　　　　　98, 139
　relaxationFactors　　98, 122, 130
　relTol　　　　　　　　91, 96, 101
　residualControl　　　　　98, 101
　SIMPLE　　　　　　　　97, 122
　smoother　　　　　　　　　　93
　solver　　　　　　　　　　91, 94
　tolerance　　　　　　　　91, 101
　turbOnFinalIterOnly　　　　　100

**G**

*g*
　ディクショナリ　　　　　　　16, 67
GAMG
　代数方程式ソルバー　59, 92, 93, 96, 146
Gauss–Seidel 法　　　　　93, 94, 145
GaussSeidel
　代数方程式ソルバー　　　　　93, 94
general
　controlDict エントリ　　　　　104
**Ghostview**
　ツール　　　　　　　　　　　　　28
**Gnuplot**
　ツール　　　　　　　　　　28, 110
GPL　　　　　　　　　　　　　　3
gradSchemes
　fvSchemes キーワード　　　　85, 87

**H**

hConst
　熱物性モデル　　　　　　　　　　66
hePsiThermo
　熱物性モデル　　　　　　　　　　63
heRhoThermo
　熱物性モデル　　　　　　　　　　63

HerschelBulkley
  粘性モデル 61
hPolynomial
  熱物性モデル 66

**I**

ICCG 法 145
**icoFoam**
  ソルバー 9
icoPolynomial
  熱物性モデル 64
**ideasUnvToFoam**
  ユーティリティ 37
**ImageMagick**
  ツール 33
incompressiblePerfectGas
  熱物性モデル 64
**interFoam**
  ソルバー 9
internalField
  フィールドファイル 73, 75, 105, 116–120, 125–128
interpolationSchemes
  fvSchemes キーワード 88

**J**

jobs
  コマンド 202

**K**

$k$-$\varepsilon$ モデル 68, 70, 72, 138, 166
$k$-$\omega$ モデル 68, 170
kahip
  並列領域の分割 107, 123
kEpsilon
  乱流モデル 68, 115
kEqn
  乱流モデル 69
kill
  コマンド 203
kOmega
  乱流モデル 68
kOmegaSST
  乱流モデル 68
kqRWallFunction
  境界条件 75, 118

**L**

LamBremhorstKE
  乱流モデル 170
laminar
  シミュレーションモデル 68
**laplacianFoam**
  ソルバー 9
laplacianSchemes
  fvSchemes キーワード 87
latestTime
  controlDict エントリ 102, 110

Launder–Reece–Rodi モデル 68, 171
LaunderSharmaKE
  乱流モデル 170
LES
  シミュレーションモデル 68
LESModel
  turbulenceProperties キーワード 69
LES モデル 68, 70, 164
Lien cubic k-epsilon 171
LienCubicKE
  乱流モデル 171
limited
  離散化スキーム 88
limitedLinear
  離散化スキーム 86, 87
limitedLinearV
  離散化スキーム 87
linear
  離散化スキーム 86
linearUpwind
  離散化スキーム 86
linearUpwindV
  離散化スキーム 87
ln
  コマンド 199
LRR
  乱流モデル 68, 172
LRR モデル 68, 171
LU 分解法 145

**M**

maxCo
  controlDict キーワード 104
*meshQualityDict*
  ディクショナリ 49
minmod
  離散化スキーム 86
minmod 制限関数 86, 90, 155
mixture
  thermophysicalProperties キーワード 63
**mkdir**
  コマンド 197
momentumPredictor
  fvSolution キーワード 99
Monotonized central-difference 制限関数 86, 155
multiComponentMixture
  熱物性モデル 63
**multiphaseInterFoam**
  ソルバー 9
MUSCL
  離散化スキーム 86

**N**

nCorrectors
  fvSolution キーワード 99
**Netgen**

メッシャー　35, 37
**Newtonian**
　粘性モデル　61
**nextWrite**
　controlDict エントリ　103, 108
**nNonOrthogonalCorrectors**
　fvSolution キーワード　97, 122, 130
**nonBlockingGaussSeidel**
　代数方程式ソルバー　94
**noSlip**
　境界条件　139
**nOuterCorrectors**
　fvSolution キーワード　101, 130
**noWriteNow**
　controlDict エントリ　103
**nu**
　transportProperties キーワード　61
**numberOfSubdomains**
　並列領域分割数　107, 123
**nutkWallFunction**
　境界条件　75, 120

**O**

**omegaWallFunction**
　境界条件　75
OpenFOAM　1, 8
**orthogonal**
　離散化スキーム　88

**P**

**paraFoam**
　ユーティリティ　13, 22, 43, 112, 206
**ParaView**
　サードパーティ　13, 22, 26, 29, 31, 43, 112,
　206
**patch**
　境界条件　42, 71
**PBiCCCG**
　代数方程式ソルバー　94
**PBiCG**
　代数方程式ソルバー　92, 96, 145
**PBiCGStab**
　代数方程式ソルバー　92, 121
**PBiCICG**
　代数方程式ソルバー　94
**PCG**
　代数方程式ソルバー　92, 96, 121, 145
**perfectGas**
　熱物性モデル　64, 124
**PIMPLE**
　fvSolution キーワード　130
**pimpleFoam**
　ソルバー　9, 84
PIMPLE 法　9, 95, 96, 99, 143
**pisoFoam**
　ソルバー　9
PISO 法　9, 96, 98, 130, 143

**pitzDaily**
　チュートリアル　21
**polyMesh**
　ディレクトリ　16, 70
**polynomial**
　熱物性モデル　65
**postProcessing**
　ディレクトリ　110, 111
**potentialFoam**
　ソルバー　9, 105
**powerLaw**
　粘性モデル　61
**PPCG**
　代数方程式ソルバー　92
**PPCR**
　代数方程式ソルバー　92
**preconditioner**
　fvSolution キーワード　92, 95
**pRefCell**
　fvSolution キーワード　98, 139
**pRefPoint**
　fvSolution キーワード　98, 139
**pRefValue**
　fvSolution キーワード　98, 139
processor*N*
　ディレクトリ　108
**ps**
　コマンド　203
**pureMixture**
　熱物性モデル　63
**purgeWrite**
　controlDict キーワード　103, 123

**Q**

QUICK　86, 89, 152, 154
QUICK
　離散化スキーム　86

**R**

RANS $k$-$\varepsilon$ モデル　170
RANS 方程式　160
RANS モデル　68, 70, 164
**RAS**
　シミュレーションモデル　68
**RASModel**
　turbulenceProperties キーワード　68
RAS モデル　68, 70
**reactingMixture**
　熱物性モデル　63
Realizable $k$-$\varepsilon$ モデル　68, 70, 170
**realizableKE**
　乱流モデル　68
**reconstructPar**
　ユーティリティ　31, 108, 112
**relaxationFactors**
　fvSolution キーワード　98, 122, 130
**relTol**

fvSolution キーワード　91, 96, 101
**renumberMesh**
　ユーティリティ　59
**residualControl**
　fvSolution キーワード　98, 101
Rhie-Chow 補間　144
**rhoConst**
　熱物性モデル　64
**rm**
　コマンド　197
RNG $k$-$\varepsilon$ モデル　68, 70
**RNGkEpsilon**
　乱流モデル　68
**rotatingWallVelocity**
　境界条件　80
RSM　171
RSTM　171
**runTime**
　controlDict エントリ　103
**runTimeModifiable**
　controlDict キーワード　103, 104

## S

**SALOME**
　メッシャー　13, 35, 37
**scalarTransportFoam**
　ソルバー　9
**scientific**
　controlDict エントリ　104
**scotch**
　並列領域の分割　107, 123
**sensibleEnthalpy**
　熱物性モデル　66
**sensibleInternalEnergy**
　熱物性モデル　66
*setConstraintTypes*
　ディクショナリ　75
Shih quadratic k-epsilon　171
**ShihQuadraticKE**
　乱流モデル　171
**SIMPLE**
　fvSolution キーワード　97, 122
**simple**
　並列領域の分割　107, 123
SIMPLEC 法　98, 122, 143
**simpleFoam**
　ソルバー 9, 21, 25, 27, 60, 72, 84, 106, 114
SIMPLE 法　9, 16, 96, 143, 146
**simulationType**
　turbulenceProperties キーワード　68
**slip**
　境界条件　80, 139
**SLTS**
　離散化スキーム　84, 85
**Smagorinsky**
　乱流モデル　69
Smagorinsky モデル　69

**smoother**
　fvSolution キーワード　93
**smoothSolver**
　代数方程式ソルバー　92, 93, 96
**SmoothSolver (coupled)**
　代数方程式ソルバー　95
**snappyHexMesh**
　ユーティリティ　10, 12, 13, 25, 26, 35, 36,
　　44, 45, 48, 54, 217, 225
*snappyHexMeshDict*
　ディクショナリ　44, 49
**snGradSchemes**
　fvSchemes キーワード　88
snGrad スキーム　88
**sol**
　コマンド　10
**solver**
　fvSolution キーワード　91, 94
Spalart–Allmaras モデル　166
**specie**
　thermophysicalProperties キーワード　63
Speziale–Sarkar–Gatski モデル　172
**src**
　コマンド　11
**SSG**
　乱流モデル　172
SSG モデル　172
SST $k$-$\omega$ モデル　68, 70, 171
**startFrom**
　controlDict キーワード　102
**startTime**
　controlDict エントリ　102
　controlDict キーワード　102
**steadyState**
　離散化スキーム　84, 120
**stopAt**
　controlDict キーワード　102, 103
**strainRateFunction**
　粘性モデル　61
**SuperBee**
　離散化スキーム　86
superbee 制限関数　86, 90, 155
**surfaceConvert**
　ユーティリティ　227
**surfaceFeatureExtract**
　ユーティリティ　26, 48, 51
*surfaceFeatureExtractDict*
　ディクショナリ　48
**surfaceNormalFixedValue**
　境界条件　77
**sutherland**
　熱物性モデル　65
Sutherland の式　65
**symGaussSeidel**
　代数方程式ソルバー　94
**symmetryPlane**

境界条件 42, 72, 75
system
ディレクトリ 16

## T

tail
コマンド 200
tar
コマンド 201
thermo
thermophysicalProperties キーワード 66
*thermophysicalProperties*
ディクショナリ 16, 62, 124
thermophysicalProperties キーワード
equationOfState 64, 124
mixture 63
specie 63
thermo 66
thermoType 63
transport 65
thermoType
thermophysicalProperties キーワード 63
timeFormat
controlDict キーワード 104
timePrecision
controlDict キーワード 104
timeStep
controlDict エントリ 103
tolerance
fvSolution キーワード 91, 101
touch
コマンド 199
transformPoints
ユーティリティ 58
transport
thermophysicalProperties キーワード 65
transportModel
transportProperties キーワード 61
*transportProperties*
ディクショナリ 16, 60, 62, 115
transportProperties キーワード
nu 61
transportModel 61
turbOnFinalIterOnly
fvSolution キーワード 100
turbulenceFields
ユーティリティ 106
*turbulenceProperties*
ディクショナリ 16, 67, 115
turbulenceProperties キーワード
LESModel 69
RASModel 68
simulationType 68
turbulentInlet
境界条件 78
turbulentIntensityKineticEnergy
境界条件 79

turbulentIntensityKineticEnergyInlet
境界条件 118
turbulentMixingLengthDissipationRateInlet
境界条件 79, 119
turbulentMixingLengthFrequencyInlet
境界条件 79
tut
コマンド 9, 60
TV 153
TVD 条件 153
TVD スキーム 86, 87, 90, 153, 158
TVD 制限線形補間 86, 155
type
フィールドファイル 75

## U

UMIST
離散化スキーム 86
UMIST 制限関数 86, 155
uncorrected
離散化スキーム 88
upwind
離散化スキーム 86, 87, 120, 128
util
コマンド 10

## V

value
フィールドファイル 75
vanAlbada
離散化スキーム 86
van Albada 制限関数 86, 155
vanDriest
乱流モデル 70
van Driest 型減衰関数 70
vanLeer
離散化スキーム 86
van Leer 制限関数 86, 155
VirtualBox 4, 174
VOF 法 9
volScalarField
フィールドファイル 73, 75, 76
volSymmTensorField
フィールドファイル 73, 75, 76
volVectorField
フィールドファイル 73, 75

## W

WALE
乱流モデル 69
WALE モデル 69
wall
境界条件 42, 72
wedge
境界条件 42, 43, 71, 72
writeCompression
controlDict キーワード 104
writeControl

controlDict キーワード 103

writeFormat
controlDict キーワード 104

writeInterval
controlDict キーワード 103

writeNow
controlDict エントリ 103, 108

writePrecision
controlDict キーワード 104

### Y

$y^+$ 111, 168

### Z

zeroGradient
境界条件 74–76, 80, 117, 127, 138

### あ

値指定境界条件 138
圧縮性流体 10, 62, 68, 75, 78, 110, 134–136, 144
圧縮率 63, 136
圧力–速度連成手法 96, 121, 129, 142
圧力の単位 72
圧力方程式 87, 142, 145
圧力補正ループ 99, 143
アニメーションの作成 32
アンサンブル平均 159
安定性 84–88, 90, 92, 98, 121, 146
イテレーションループ 98, 101, 130, 143
入口流速の時間変動 82
入口流速分布 82
移流項 149, 150
陰解法 149
渦粘性係数 164
渦粘性モデル 70, 164
渦の散逸スケール 163
運動エネルギー 135, 162
運動エネルギー輸送方程式 162
運動方程式 134, 145
液体 136
エネルギーカスケード 163
エネルギー方程式 135
エンタルピー 135
オーダー 147
オープンソース 3
温度境界条件 80
温度の拡散項 136

### か

解析 13
回転速度 80
外部輻射境界条件 81, 139
化学種 63
拡散項 87
拡散方程式 9
風上差分 86, 89, 141, 149–152, 154, 157
可視化 13
壁関数 169

壁関数条件 118–120, 128
壁法則 169
カルマン定数 168
環境変数 194
$FOAM_SOLVERS 10
$FOAM_SRC 11
$FOAM_TUTORIALS 9, 22, 60
$FOAM_UTILITIES 10
慣性小領域 163, 164
完全気体 64, 124, 136
緩和係数 98, 122, 130, 143
緩和修正法 87
幾何学的マルチグリッド法 146
擬似非定常解析 84, 85
基準温度 65, 137
基準密度 65, 137
気体定数 64, 136, 137
境界条件 71–73, 115, 125, 138
alphatJayatillekeWallFunction 76
calculated 76, 120, 126, 128
compressible::alphatJayatillekeWallFunction 76
compressible::alphatWallFunction 128
cyclic 42, 71, 72
cyclicAMI 42, 71, 72
empty 42, 71, 72, 75
epsilonWallFunction 75, 119
exprFixedValue 82
externalWallHeatFluxTemperature 80, 81, 139
fixedFluxPressure 76, 125
fixedGradient 138
fixedValue 74–76, 80, 116, 117, 125, 127, 138
flowRateInletVelocity 77
kqRWallFunction 75, 118
noSlip 139
nutkWallFunction 75, 120
omegaWallFunction 75
patch 42, 71
rotatingWallVelocity 80
slip 80, 139
surfaceNormalFixedValue 77
symmetryPlane 42, 72, 75
turbulentInlet 78
turbulentIntensityKineticEnergy 79
turbulentIntensityKineticEnergyInlet 118
turbulentMixingLengthDissipationRateInlet 79, 119
turbulentMixingLengthFrequencyInlet 79
wall 42, 72
wedge 42, 43, 71, 72
zeroGradient 74–76, 80, 117, 127, 138
境界条件タイプ 74
境界層 168
境界タイプ 71

共役勾配法　　　　　　　　　92, 145
共役残差法　　　　　　　　　　　92
許容値　　　　　　91, 98, 101, 146
キーワード　　　　　　　　　　　17
キーワードエントリ　　　　　　　17
近似精度　　　　　　　　　　　147
クラスライブラリ　　　　　　　　11
クーラン条件　　　　　　　　　149
クーラン数　　　　　　　104, 149
計算結果の数値の桁数　　　　　104
計算条件の設定の手順　　　　　　14
計算の制御　　　　101, 122, 130
ケースディレクトリ　　　15, 16, 60
格子　　　　　　　　　　　12, 34
後退差分　　　　　　　　　　　147
勾配　　　　　　　　　　　85, 141
勾配指定境界条件　　　　　　　138
勾配制限　　　　　85, 86, 89, 155
固着境界条件　　　　　　　　　139
コマンド
　　>　　　　　　　　　　　　192
　　&　　　　　　　　　　　　193
　　bg　　　　　　　　　　　202
　　cat　　　　　　　　　　　198
　　cd　　　　　　　　　　　196
　　cp　　　　　　　　　　　197
　　fg　　　　　　　　　　　202
　　jobs　　　　　　　　　　202
　　kill　　　　　　　　　　203
　　ln　　　　　　　　　　　199
　　mkdir　　　　　　　　　197
　　ps　　　　　　　　　　　203
　　rm　　　　　　　　　　　197
　　sol　　　　　　　　　　　10
　　src　　　　　　　　　　　11
　　tail　　　　　　　　　　200
　　tar　　　　　　　　　　　201
　　touch　　　　　　　　　199
　　tut　　　　　　　　　　9, 60
　　util　　　　　　　　　　　10
コメント記号　　　　　　　　　17
コルモゴロフスケール　　　　　163
コロケート格子　　　　　　　　144
混合長　　　　78, 79, 119, 165, 167
混合長モデル　　　　　　　　　165
混相流解析　　　　　　　　　　9
コントロールボリューム　　　　140

　　　　　　　さ

最大反復計算回数　　　　　　　103
サードパーティ
　　ParaView 13, 22, 26, 29, 31, 43, 112, 206
差分近似　　　　　　　　　　147
差分スキーム　　　　　　　　　150
差分法　　　　　　　　　　　150
残差　　　　　　　　91, 143, 146
残差の確認　　　　　　　　　109

ジオメトリ　　　　　　　　12, 34
時間刻み幅　　　　　　　103, 131
時間刻み幅自動調整　　103, 104, 131
時間微分　　　　　　　　　　　84
時間平均化　　　　　　　　　111
式による境界条件　　　　　　　82
時刻の桁数　　　　　　　　　104
時刻の書式　　　　　　　　　104
辞書　　　　　　　　　　　　17
質量保存の式　　　　　　　　134
質量流量　　　　　　　　　　77
シミュレーションモデル
　　laminar　　　　　　　　68
　　LES　　　　　　　　　　68
　　RAS　　　　　　　　　　68
修正 Eucken 相関式　　　　　　66
収束　　　　　　　　　　　　146
収束性　　　　87, 98, 106, 123, 143
収束判定　98, 101, 103, 122, 130, 146
重力加速度　　　　16, 67, 124, 137
出力の制御　　　　　　　　　103
状態方程式　　　　　64, 124, 136
上流差分　　　　　　　　　　150
初期残差　　　　　91, 98, 101, 146
初期値　　　　　73, 75, 105, 115
水力直径　　　　　　　　78, 167
数値拡散　　　　　　　　85, 87, 90
数値流体力学　　　　　　　　134
スカラー場　　　　　　　　　73
スカラー輸送方程式　　　　　　9
スケールの変換　　　　　　　　58
スタッガード格子　　　　　　　144
スリップ境界条件　　　　　80, 139
正規表現　　　　　18, 74, 91, 98
絶対エンタルピー　　　　　　136
絶対温度　　　　　　　　　　135
セル　　　　　　　　12, 34, 140
ゼロ勾配境界条件　　　　　　　138
全エネルギー　　　　　　　　135
線形風上差分　　86, 89, 151, 154, 158
線形則　　　　　　　　　　　169
線形補間　　　　86, 141, 150, 157
前進差分　　　　　　　　　　147
全変動　　　　　　　　　　　153
双共役勾配安定化法　　　　92, 145
双共役勾配法　　　　　　　92, 145
相対許容値　　　　　91, 101, 146
層流　　　　　　　　　　68, 158
疎行列　　　　　　　　　　　145
速度　　　　　　　　　　　　134
ソルバー
　　buoyantBoussinesqPimpleFoam　9, 136
　　buoyantBoussinesqSimpleFoam　9, 61, 72,
　　　　76, 81, 136
　　buoyantPimpleFoam　9, 25, 30, 31, 123
　　buoyantSimpleFoam　9, 62, 67, 72, 76

| | |
|---|---|
| icoFoam | 9 |
| interFoam | 9 |
| laplacianFoam | 9 |
| multiphaseInterFoam | 9 |
| pimpleFoam | 9, 84 |
| pisoFoam | 9 |
| potentialFoam | 9, 105 |
| scalarTransportFoam | 9 |
| simpleFoam | 9, 21, 25, 27, 60, 72, 84, 106, 114 |
| ソルバーの選択手順 | 14 |
| ソルバーの停止 | 103, 108 |

**た**

| | |
|---|---|
| 対角スケーリング | 92, 93, 95 |
| 対角ベース不完全 Cholesky 分解法 | 93 |
| 対角ベース不完全 LU 分解法 | 94, 95 |
| 対称テンソル場 | 73, 76 |
| 対数則 | 168 |
| 対数則層 | 168 |
| 代数的マルチグリッド法 | 146 |
| 代数方程式ソルバー | 16, 90, 121, 129, 145 |
| coupled | 94 |
| diagonal | 92, 93, 95 |
| DIC | 92, 93 |
| DICGaussSeidel | 93 |
| DILU | 92–95 |
| DILUGaussSeidel | 94 |
| FDIC | 92, 94 |
| GAMG | 59, 92, 93, 96, 146 |
| GaussSeidel | 93, 94 |
| nonBlockingGaussSeidel | 94 |
| PBiCCCG | 94 |
| PBiCG | 92, 96, 145 |
| PBiCGStab | 92, 121 |
| PBiCICG | 94 |
| PCG | 92, 96, 121, 145 |
| PPCG | 92 |
| PPCR | 92 |
| smoothSolver | 92, 93, 96 |
| SmoothSolver (coupled) | 95 |
| symGaussSeidel | 94 |
| 代数方程式ソルバーの種類の選択 | 96 |
| 体積平均値の計算 | 111 |
| 体積膨張率 | 65, 137 |
| 体積流量 | 77 |
| ダイナミック 1 方程式モデル | 69 |
| 対流項 | 85, 86, 92, 141, 145, 150 |
| 対流項スキームの選択 | 88 |
| 多項式 | 64–66 |
| 多重格子法 | 145 |
| 単位 | 20, 73 |
| 単調性 | 152, 153 |
| 断熱境界条件 | 80, 139 |
| 中心差分 | 86, 89, 141, 148, 150, 154, 157 |
| チュートリアル | |
| pitzDaily | 21 |

| | |
|---|---|
| チュートリアルケース | 9, 10, 60 |
| 直接数値シミュレーション | 164 |
| 直接法 | 145 |
| ツール | |
| Evince | 28 |
| FFmpeg | 33 |
| FreeCAD | 217 |
| Ghostview | 28 |
| Gnuplot | 28, 110 |
| ImageMagick | 33 |
| 定圧比熱 | 136 |
| ディクショナリ | 10, 16 |
| blockMeshDict | 38, 43, 45 |
| boundary | 70, 74 |
| controlDict | 16, 101, 103, 104, 109, 123 |
| decomposeParDict | 107, 123 |
| fvSchemes | 16, 83, 120, 128 |
| fvSolution | 16, 90, 96, 121, 122, 129, 130 |
| g | 16, 67 |
| meshQualityDict | 49 |
| setConstraintTypes | 75 |
| snappyHexMeshDict | 44, 49 |
| surfaceFeatureExtractDict | 48 |
| thermophysicalProperties | 16, 62, 124 |
| transportProperties | 16, 60, 62, 115 |
| turbulenceProperties | 16, 67, 115 |
| 定常解析 | 9, 24, 27, 70, 84, 85, 87, 103–105, 111, 114, 120, 123, 134, 135, 142, 143, 164 |
| ディリクレ境界条件 | 138 |
| 低レイノルズ数型 $k$-$\varepsilon$ モデル | 170 |
| 低レイノルズ数型モデル | 170 |
| ディレクティブ | 20 |
| ディレクトリ | |
| 0 | 16, 72, 76 |
| constant | 16 |
| polyMesh | 16, 70 |
| postProcessing | 110, 111 |
| processor$N$ | 108 |
| system | 16 |
| データエントリ | 17 |
| テンソル | 19 |
| 動粘性係数 | 61, 115, 135 |
| ドキュメント | 11 |
| 特殊エントリ | |
| #calc | 21 |
| #eval | 21 |
| #include | 20 |
| #includeEtc | 20, 75 |
| #includeFunc | 110 |
| $ | 20 |
| 特徴線 | 48 |

**な**

| | |
|---|---|
| 内部エネルギー | 135 |
| ナビエ–ストークス方程式 | 134 |
| 熱拡散率 | 62, 136, 165 |
| 熱伝達境界条件 | 81, 139 |

| | |
|---|---|
| 熱伝達率 | 139 |
| 熱伝導方程式 | 136 |
| 熱伝導率 | 65, 135 |
| 熱特性 | 66 |
| 熱物性 | 62, 134 |
| 熱物性モデル | |
| 　absoluteEnthalpy | 66 |
| 　absoluteInternalEnergy | 66 |
| 　Boussinesq | 65 |
| 　const | 65 |
| 　hConst | 66 |
| 　hePsiThermo | 63 |
| 　heRhoThermo | 63 |
| 　hPolynomial | 66 |
| 　icoPolynomial | 64 |
| 　incompressiblePerfectGas | 64 |
| 　multiComponentMixture | 63 |
| 　perfectGas | 64, 124 |
| 　polynomial | 65 |
| 　pureMixture | 63 |
| 　reactingMixture | 63 |
| 　rhoConst | 64 |
| 　sensibleEnthalpy | 66 |
| 　sensibleInternalEnergy | 66 |
| 　sutherland | 65 |
| 熱物理モデル | 63 |
| 熱流束境界条件 | 80, 139 |
| 熱流動解析 | 9, 25, 30, 31, 113, 123 |
| 熱量境界条件 | 81 |
| 熱量の確認 | 110 |
| 粘性係数 | 61, 65, 115, 134, 135 |
| 粘性底層 | 169 |
| 粘性モデル | |
| 　BirdCarreau | 61 |
| 　Casson | 61 |
| 　CrossPowerLaw | 61 |
| 　HerschelBulkley | 61 |
| 　Newtonian | 61 |
| 　powerLaw | 61 |
| 　strainRateFunction | 61 |
| ノイマン境界条件 | 138 |

**は**

| | |
|---|---|
| バックグラウンドジョブ | 190 |
| 発散 | 86, 140 |
| バッファ層 | 169 |
| バンド幅 | 59 |
| 反復法 | 145 |
| 非圧縮性流体 | 9, 60, 61, 68, 75, 78, 110, |
| 　134–137, 142, 144 | |
| 非線形 $k$-$\varepsilon$ モデル | 171 |
| 非直交性 | 57, 88, 97 |
| 非直交補正 | 88, 97, 122 |
| 非定常解析 | 9, 30, 31, 70, 82, 84, 85, 104, 105, |
| 　111, 123, 128, 143, 146, 164 | |
| 比熱 | 66 |
| 標準 $k$-$\varepsilon$ モデル | 68, 70, 115, 125, 167, 169, 170 |

| | |
|---|---|
| 標準 $k$-$\omega$ モデル | 68, 70, 170 |
| 標準生成エンタルピー | 66, 136 |
| 標準ソルバー | 8 |
| 標準ユーティリティ | 10 |
| フィールドファイル | 16, 72, 105, 106 |
| 　boundaryField | 73 |
| 　class | 73 |
| 　dimensions | 73 |
| 　internalField | 73, 75, 105, 116–120, |
| 　　125–128 | |
| 　type | 75 |
| 　value | 75 |
| 　volScalarField | 73, 75, 76 |
| 　volSymmTensorField | 73, 75, 76 |
| 　volVectorField | 73, 75 |
| フォアグラウンドジョブ | 190 |
| 不完全 Cholesky 分解法 | 92, 145 |
| 不完全 LU 分解法 | 92, 145 |
| 物性値 | 16, 60, 62, 115, 124 |
| プラントル数 | 62, 65 |
| フーリエの法則 | 139 |
| プリ処理 | 12 |
| プリプロセッサ | 12 |
| 浮力 | 16, 61, 67, 124, 136, 137 |
| 分子量 | 63, 136 |
| 並列計算 | 31, 107, 108, 123, 131 |
| 並列計算数 | 107, 108 |
| 並列領域の結合 | 31, 108, 112 |
| 並列領域の分割 | 31, 107, 123 |
| 　kahip | 107, 123 |
| 　scotch | 107, 123 |
| 　simple | 107, 123 |
| 並列領域分割数 | 107, 123 |
| 　numberOfSubdomains | 107, 123 |
| 壁面速度 | 80 |
| ベクトル | 19 |
| ベクトル場 | 73 |
| ヘッダー | 17, 73 |
| ポアソン方程式 | 92, 145 |
| 放射率 | 81, 139 |
| 補間スキーム | 85, 87, 88, 141 |
| ポスト処理 | 13 |
| ポストプロセッサ | 13 |
| ポテンシャル流れ | 9, 105 |

**ま**

| | |
|---|---|
| 前処理 | 92, 145 |
| マクロ置換 | 21 |
| マルチグリッド法 | 93, 145 |
| ミキシングエルボー | 25, 113 |
| 密度 | 63–65, 134, 136, 137 |
| メッシャー | 12, 34 |
| 　**cfMesh** | 35, 36 |
| 　**Netgen** | 35, 37 |
| 　**SALOME** | 13, 35, 37 |
| メッシュ | 12, 34 |
| メッシュのチェック | 57 |

面の法線方向の勾配　　87, 141
面の法線方向の流速　　77
モデラー　　12, 34
　　FreeCAD　　35

## や

有界性　　90, 152
有限差分法　　150
有限体積法　　12, 140
輸送特性　　65
ユーティリティ
　　blockMesh　　10, 12, 13, 22, 25, 26, 35, 38,
　　　43, 45
　　checkMesh　　10, 55, 57, 88, 98
　　decomposePar　　31, 107
　　fluent3DMeshToFoam　　35
　　fluentMeshToFoam　　10, 35
　　foamCleanPolyMesh　　55, 113
　　foamListTimes　　113
　　foamLog　　28
　　foamMonitor　　110
　　foamToVTK　　58
　　ideasUnvToFoam　　37
　　paraFoam　　13, 22, 43, 112, 206
　　reconstructPar　　31, 108, 112
　　renumberMesh　　59
　　snappyHexMesh　　10, 12, 13, 25, 26, 35, 36,
　　　44, 45, 48, 54, 217, 225
　　surfaceConvert　　227
　　surfaceFeatureExtract　　26, 48, 51
　　transformPoints　　58
　　turbulenceFields　　106
陽解法　　149

## ら

ラプラシアン　　58, 87, 135, 141
乱流　　158
乱流エネルギー　　68, 118, 161, 162
乱流エネルギー輸送方程式　　161
乱流解析　　9
乱流強度　　78, 79, 118, 167
乱流散逸率　　68, 119, 161, 162
乱流熱拡散率　　128, 138
乱流粘性係数　　120, 138, 164–166, 170
乱流比散逸率　　68, 170
乱流プラントル数　　128, 165, 166
乱流モデル　　16, 22, 67, 70, 72, 115, 125, 137,
　　158, 164
　　cubeRootVol　　70
　　dynamicKEqnCoeffs　　69
　　kEpsilon　　68, 115
　　kEqn　　69
　　kOmega　　68
　　kOmegaSST　　68
　　LamBremhorstKE　　170
　　LaunderSharmaKE　　170
　　LienCubicKE　　171

　　LRR　　68, 172
　　realizableKE　　68
　　RNGkEpsilon　　68
　　ShihQuadraticKE　　171
　　Smagorinsky　　69
　　SSG　　172
　　vanDriest　　70
　　WALE　　69
乱流モデルの切り替え　　106
乱流モデルの選択　　70
乱流流入条件　　78
離散化スキーム　　16, 84, 120, 128, 141, 147, 157
　　backward　　84, 85
　　bounded　　87
　　cellLimited　　85
　　cellMDLimited　　85
　　CoEuler　　84
　　corrected　　88
　　CrankNicolson　　84, 85
　　Euler　　84, 85, 128
　　faceCorrected　　88
　　faceLimited　　85
　　faceMDLimited　　85
　　limited　　88
　　limitedLinear　　86, 87
　　limitedLinearV　　87
　　linear　　86
　　linearUpwind　　86
　　linearUpwindV　　87
　　minmod　　86
　　MUSCL　　86
　　orthogonal　　88
　　QUICK　　86
　　SLTS　　84, 85
　　steadyState　　84, 120
　　SuperBee　　86
　　UMIST　　86
　　uncorrected　　88
　　upwind　　86, 87, 120, 128
　　vanAlbada　　86
　　vanLeer　　86
離散化スキームの設定　　83
リスト　　19
理想気体　　64, 124, 136
リダイレクト　　192
流出条件　　76, 138
流束　　110, 150
流束制限関数　　153, 154
流体解析　　12
流入条件　　76, 138
流量の確認　　110
臨界レイノルズ数　　158
レイノルズ応力　　68, 76, 160, 164
レイノルズ応力モデル　　171
レイノルズ応力輸送方程式　　160, 171
レイノルズ応力輸送モデル　　68, 70, 171

レイノルズ数　158
レイノルズ分解　159
レイノルズ平均　159

レイノルズ平均ナビエ–ストークス方程式　160
レイノルズ平均モデル　164
連続の式　134

## 著者略歴

春日　悠（かすが・ゆう）
　2004 年　九州工業大学大学院 情報工学研究科博士前期課程情報システム専攻 修了
　PENGUINITIS　http://penguinitis.g1.xrea.com

今野　雅（いまの・まさし）
　1995 年　東京大学大学院 工学系研究科建築学専攻博士前期課程 修了
　1998 年　東京大学大学院 工学系研究科建築学専攻博士後期課程 単位取得満期退学
　1998 年　神奈川大学 工学部建築学科 専任助手
　1998 年　東京大学大学院 工学系研究科建築学専攻 助手
　2007 年　博士（工学，東京大学）
　2007 年　東京大学大学院 工学系研究科建築学専攻 助教
　2012 年　株式会社 OCAEL 代表取締役
　　　　　　現在に至る

野村悦治（のむら・えつじ）
　1977 年　東京大学大学院 工学系研究科精密機械工学専攻修士課程 修了
　　　　　　（株）デンソー（当時 日本電装株式会社）入社
　2010 年　技術管理部 CAE 開発設計・促進室にて，オープン CAE 担当次長
　　　　　　として社内におけるオープン CAE の活用展開を推進
　2012 年　定年退職
　オープン CAE コンサルタント OCSE^2
　http://mogura7.zenno.info/~et/wordpress/ocse/

**一般社団法人 オープンCAE学会**
　事務局
　〒 108-0022
　東京都港区海岸 3-9-15 LOOP-X 8 階
　HPC システムズ株式会社内
　Email：office@opencae.or.jp
　URL：http://www.opencae.or.jp/

編集担当　藤原祐介 (森北出版)
編集責任　富井　晃 (森北出版)
組　　版　藤原印刷
印　　刷　同
製　　本　同

OpenFOAM による熱移動と流れの数値解析（第 2 版）

2016 年 6 月 20 日　第 1 版第 1 刷発行　　【本書の無断転載を禁ず】
2019 年 12 月 20 日　第 1 版第 5 刷発行
2021 年 3 月 30 日　第 2 版第 1 刷発行

編　　者　一般社団法人 オープン CAE 学会
発 行 者　森北博巳
発 行 所　森北出版株式会社
　　　　　東京都千代田区富士見 1–4–11（〒 102–0071）
　　　　　電話 03–3265–8341／FAX 03–3264–8709
　　　　　https://www.morikita.co.jp/
　　　　　日本書籍出版協会・自然科学書協会　会員

JCOPY ＜ （一社）出版者著作権管理機構 委託出版物＞

落丁・乱丁本はお取替えいたします.

**Printed in Japan／ISBN978–4–627–69102–5**